葉子

Leaves
Publishing

根 以讀者爲其根本

莖 用生活來做支撐

葉 引發思考或功用

果 獲取效益或趣味

香料甜點

吳美珠・王建智 ＊ 著

○○ 香料入甜點，生活更悠閒

　　自入烘焙業至今已八年餘，從材料的選用、教學的需求、食譜配方的內容，往往沿襲於傳統口味。但環顧周遭，現代人對香料及養生的重視喜好已蔚為風氣，所以特別請王建智老師在本教室發表一系列香料甜點作品。由於深獲好評後，期間適逢葉子出版社主編淑娟熱情邀稿，王老師又剛獲新加坡世界法式蛋糕競賽銀牌，出書的意念一再湧現，因此與王老師再度研發出數十道天然口味的香料甜點。以王建智老師在西點蛋糕領域務實獨到的製作技巧，與本人在文字說明潤飾些許經驗，促使《香料甜點》一書完整呈現。

　　近年來，由於國人大量栽培引進香料，業者在這方面著實扮演著非常貼心的角色，猶如神農嘗百草，哪樣與哪樣搭配最對味，最能讓國人接受，不管是入菜、製作點心、泡茶、觀賞、聞香……都能有系統地加以註解。而本書使用的各種香料與示範的各式甜點口味，皆高貴雅緻，濃郁又不失爽口，圖解說明更是詳細易懂。

　　至於本書香料食材的取得，大部分來自於自家陽台栽種的有機香草園。所以喜歡拈花惹草的讀者，不妨在家裡的陽台邊、天台上或者自家庭院種上幾株茉莉花，栽上幾盆薰衣草、迷迭香、薄荷、馬鞭草……，除了可以綠化環境、美化心靈外，偶爾一時興起，也可以做些甜點，不但可滿足口腹之慾，也可增添不少生活光彩。

　　讓我們一起來做點心過生活。三五好友，品嘗自製的香料甜點，來上一壺新鮮即採的香草茶，暢談生活樂事，共享浪漫、悠閒時光吧！

吳美珠 謹識

以自己的雙手創造「吃」的幸福

　　能吃到好吃的蛋糕是一種幸福，但若能用自己的雙手，將幸福帶給身邊每一個認識的人，那更是一種莫大的幸福。

　　為了要將香料與甜點做出完美的搭配，吳美珠老師與我討論多次，試驗了許多配方，最後篩選出40種不同的香料甜點。希望能因本書，讓更多人了解，甜點與香料的搭配所呈現出各種美妙的變化，不但能讓生活中充滿各式驚喜，也洋溢著幸福的感覺。希望每位讀者都是幸福的創造者。

王建智

如 何 使 用 本 書

● 香料圖：製作香料甜點之前，要對各式的香料有基本的認識喔！這些香料在全省的烘焙材料行（可參見本書附錄）或一般的超級市場都買得到。

本 書 使 用 的 香 料

無論中餐或西餐，香料在烹調上一直扮演著重要角色，總是適時地烘托食物的美味與特色。香料在食物中雖然不是主角，但沒有了香料，食物的味道亦失色不少。它不但豐富了食物的生命，也增添了廚房裡與餐桌上的趣味。坊間有很多以香料為食譜設計重點的餐飲書籍，但卻鮮少應用在糕餅與點心的製作上。其實嚐過香料甜點的人都知道，只要添加了一些香料，甜點的味道將會更香更濃，口味也更精緻。本書即是針對一般家庭或烘焙愛好者所設計的香料甜點書，所使用的各式香料皆取得容易，讀者不妨試試看！以下即是本書所使用的各式香料介紹：

薰衣草（Lavender）
可安定緊張的情緒，也可消除輕微的偏頭痛，幫助睡眠。薰衣草是眾多香草中最具魅力與受人喜愛的，在甜點的製作上是非常好的一種香料。

迷迭香（Rosemary）
可去除腥氣，加強心臟機能，治頭痛，增強記憶力，幫助睡眠。常被用來做為料理與糕點上的調味料。

薄荷（Mint）
可使人頭腦清醒，改善消化不良，止吐，減輕胃痛，亦可止咳，一般的薄荷糖漿都是使用荷蘭薄荷為主要原料。

羅勒（Basil）
又名九層塔，莖葉與花卉含有芳香油，可幫助消化解酒、健胃驅蟲等功效，常被用於義大利麵的料理上，最近也開始被用於甜點的製作上，香味濃郁特殊。

百里香（Thyme）
可改善消化不良，鼻子過敏，支氣管的不適，百里香濃郁的香味是很棒的調味料，義大利菜與甜點都經常使用。

檸檬馬鞭草（Verbenae Herba）
具有鎮定安神作用，對於腸胃消化不良，呼吸道支氣管炎有治療效果，精油可用於藥用香水上，也可用於糕點與飲料上的製作，增加氣味。

俄力岡（Oregano）
可解毒、殺菌，幫助消化，治療撞傷、扭傷，亦有不錯的療效。味道與藥效都很好，是極有代表性的香草。其特徵是辛辣的風味，適合用來餅乾、甜點與料理上。

義式香料（Bouquet Garni）
以肉桂為原料，再搭配丁香、薑、迷迭香、胡椒、百里香，再加少許的胡荽、番紅花組成一種味道極為特別的綜合香料。

香草豆莢（Vanilla）
素有「香料之后」的美稱，是所有香料中使用範圍最廣泛的，特別是在甜點的製作上，但因栽培不易，數量不多，故價錢非常昂貴。

10

11

● 香料介紹：本書使用的各式香料說明。

4

● 所準備材料可做出此道甜點之份量數。

● 每道甜點的正確名稱。

● 製作此點甜點所需的烘烤溫度。

● 準備適當份量的材料，是製作每道甜點的必要條件。

● 製作此點甜點所需的烘烤時間。

· 生 · 日 · 派 · 對 ·

班蘭格斯蛋糕

份量■平烤盤1個　　溫度■上火 200℃、下火 170℃　　時間■20～25分鐘

材料

A. 班蘭蛋糕

全蛋	400g
細砂糖	125g
低筋麵粉	135g
玉米粉	30g
泡打粉	3g
奶油	80g
椰奶	75g
班蘭精	1茶匙

B. 卡士達餡

椰奶	150g
水	150g
鮮奶	60g
鹽	2g
奶油	60g
細砂糖	55g
玉米粉	15g
卡士達粉	15g
班蘭精	1/2茶匙
全蛋	80g
吉利丁	7.5g

Tip
◎ 卡士達粉即是坊間售的克林姆餡拌粉，由糖、奶粉、玉米粉調和而成，一般用來做為蛋糕或甜美的夾餡。

◎ 烘焙蛋糕時間勿過長，烤至中間有彈性即可，烤過久易影響口感。

1 全蛋加細砂糖打發至綿密濃稠，再加入過篩的麵粉、玉米粉及泡打粉拌勻（圖a）。

2 奶油隔水融化，與椰奶、班蘭精慢慢倒入麵糊（圖b）拌合後，即可倒入鋪紙的平烤盤放進烤箱烘烤。

3 卡士達餡：將椰奶、水、鮮奶、鹽、奶油煮沸，加入拌勻的細砂糖、玉米粉、卡士達粉、班蘭精、全蛋拌勻（圖c）。再加熱攪拌至濃稠冒泡即離火，降溫至65℃，再加入已隔水融化的吉利丁拌勻（圖d）。

4 組合：取出做法2烤好的蛋糕，橫切成兩片。先放一片蛋糕，再抹一層卡士達餡，然後放一片蛋糕。最後再放一層卡士達餡即可。最後一層餡量可多一點，但要盡量抹平。

63

● 作者的貼心叮嚀示，有時成品的道地與美味與否，都在這小小的細微處。

● 詳細的製作步驟解說，讓您操作時不容易出錯。

● 甜點成品完成圖，細緻高雅的設計，讓您更想躍躍欲試。

● 製作分解圖，可對照操作是否正確。

目錄 CONTENTS

Part 1 午茶時光 Tea Time

香料迷人清新的芳香，
對於鬆弛緊繃的情緒有極大的助益。
而利用香料製成的甜點，
只要再搭配一杯香醇的紅茶或咖啡，
更能使悠閒的午茶時光增添些許的浪漫氣息。

Part 2 情人節禮物 Valentine's day

送給戀人最好的禮物是什麼？
自己動手做甜點最能表達自己的心意。
不管是茉香青蘋果、紫蘇風味金桔慕斯的酸甜，
或是玫瑰杏桃水果百匯、百里香巧克力的濃郁美味，
更會讓彼此的戀情驚喜無限！

Part 3 生日派對 Birthday Party

Happy Birthday to you.
Happy Birthday to everybody.
不管是自己的生日聚會或參加別人的生日派對，
自己動手做蛋糕，送禮自用兩相宜。

Part 4 家庭派對 Home Party

There is no place like home. 有家最溫暖。
隨時隨地找些朋友來家裡喝杯茶或聚個餐，
誰說「轟趴」非得在外面的餐廳、飯店才行？
自己家裡的廚房或客廳也可以辦得很熱鬧。

Part 5 聖誕節禮物 Merry Christmas

雪花隨風飄,花鹿在奔跑,
聖誕老公公,駕著美麗雪橇。
如果還在等聖誕老公公送來禮物,那就太遜了喔!
自己動手做些薑形餅乾,
今年的聖誕節更有溫馨的感覺。

本 書 使 用 的 香 料

無論中餐或西餐，香料在烹調上一直扮演著重要角色，總是適時地烘托食物的美味與特色。香料在食物中雖然不是主角，但沒有了香料，食物的味道亦失色不少，它不但豐富了食物的生命，也增添了廚房裡與餐桌上的趣味。坊間有很多以香料為食譜設計重點的餐飲書籍，但卻鮮少應用在糕餅與點心的製作上。其實品嘗過香料甜點的人都知道，只要添加了一些香料，甜點的味道將會更香更濃，口味也更精緻。本書即是針對一般家庭或烘焙愛好者所設計的香料甜點書，所使用的各式香料皆取得容易，讀者不妨試試看！以下即是本書所使用的各式香料介紹：

薰衣草（Lavender）

可安定緊張的情緒，也可消除輕微的偏頭痛，幫助睡眠。薰衣草是眾多香草中最具魅力與受人喜愛的，在甜點的製作上是非常好的一種香料。

迷迭香（Rosemary）

可去除脹氣，加強心臟機能，治頭痛，增強記憶力，幫助睡眠。常被用來做為料理與糕點上的調味料。

薄荷（Mint）

可使人頭腦清醒，改善消化不良，止吐，減輕胃痛，亦可止咳，一般的薄荷糖漿都是使用荷蘭薄荷為主要原料。

羅勒（Basil）

又名九層塔，莖葉與花卉含有芳香油，可幫助消化解酒，健胃驅蟲等功效，常被用於義大利麵的料理上，最近也開始被用於甜點的製作上，香味濃郁特殊。

百里香（Thyme）

可改善消化不良，鼻子過敏，支氣管的不適，百里香濃郁的香味是很棒的調味料，義大利菜與甜點都經常使用。

檸檬馬鞭草（Verbenae Herba）

具有鎮定安神作用，對於腸胃消化不良，呼吸道支氣管炎有治療效果，精油可用於藥用香水上，也可用於糕點與飲料上的製作，增加氣味。

俄力岡（Oregano）

可解毒、殺菌，幫助消化，治療撞傷、扭傷，亦有不錯的療效。味道與藥效都很好，是極有代表性的香草。其特徵是辛辣的風味，適合用來餅乾、甜點與料理上。

義式香料（Bouquet Garni）

以肉桂為原料，再搭配丁香、薑、迷迭香、胡椒、百里香，再加上少許的胡荽、番紅花組成一種味道極為特別的綜合香料。

香草豆莢（Vanilla）

素有「香料之后」的美稱，是所有香料中使用範圍最廣泛的，特別是在甜點的製作上，但因栽培不易，數量不多，故價錢非常昂貴。

洋甘菊（Chamomile）

洋甘菊白色的小花含有大量的維生素E與C，能抗氧化及抗老，改善失眠，還可做為頭髮的滋養劑，促進腸胃機能正常運作。

茉莉花（Jasmine）

可去除口臭，明目，淡淡的香味可改善腸胃慢性病、呼吸道器官疾病的使用。常飲茉莉花茶可安神，調理內分泌，潤澤膚色。

菊花（Chrysanthemum）

可消熱解毒，改善發燒、頭痛、口渴、眼疾的症狀，被稱為保護眼睛的花茶，無論冬天熱飲，夏天冷飲都很適合，如能再加一點蜂蜜飲用，風味更佳。

玫瑰（Rose）

含有豐富的維他命C及有機酸，能幫助美容養顏，促進血液循環，幫助情緒的緩和，甜點、花茶、工藝品與品酒皆常用到。

肉桂（Cinnamon）

有健胃的功效，亦可改善頭暈、噁心、發燒的症狀，在所有香料中歷史最久的便屬肉桂了，常用於料理糕點與飲料上。

八角（Star Anise）

八角可說是形如其名，外型類似星狀有八個角，味道微甜，且帶有刺激性的甘草味。一般料理只取濃厚的香味，可去腥提味，而不直接食用。近年來開始用於蛋糕與手工巧克力的使用，味道相當特殊。

薑（Ginger）

原產於亞熱帶地區，可製成許多型態，如薑粉、
薑糖片、醃漬薑片等，但一般還是以新鮮方式做
為調理。

伯爵茶葉（Grey）

基本上伯爵茶是加味茶的一種，是由紅茶葉薰上
佛手柑而成的，而大部分使用的佛手柑是產於義
大利一種苦橙樹的果皮，加上味道較重的中國紅
茶或印度紅茶為主。

金萱茶葉

是台灣培育的新品種茶樹（又名台茶 12 號），是
以金萱茶數為採製的半球形包種茶。其味甘醇滑
潤，又帶有淡淡的奶香，氣味獨特。

紫蘇（Perilla）

一般產於亞洲區，味道屬味辛性溫，是常用的中
藥之一，也是料理常用的調味料之一。可改善感
冒發、燒胃、脹氣等症狀。

班蘭香精（Daun Pandan）

是由班蘭葉蒸餾取出，班蘭葉又叫香蘭葉，產於
東南亞馬來西亞，味道清香特別，新加坡則將班
蘭用於蛋糕的製作，其班蘭蛋糕可說是遠近馳
名，將班蘭葉與蜂蜜結合，別有一番特殊風味。

甜 點 的 基 礎 做 法

香草海綿蛋糕 ○

份量■平烤盤 1 個 ｜ 溫度■上火 180℃、下火 170℃ ｜ 時間■20～22 分鐘

材料：全蛋 350g・細砂糖 120g・低筋麵粉 135g・沙拉油 60g・奶水 65g・香草精 3

做法：

1. 全蛋加細砂糖用攪拌機快速打發。

2. 再以慢速攪拌至氣泡細密濃稠狀。

3. 低筋麵粉過篩至白報紙上。

4. 提起白報紙將麵粉慢慢倒入並拌勻。

5. 沙拉油加入輕拌。

6. 奶水與香草精加入輕快拌勻即可。

7. 烤盤紙與烤盤尺寸量好，將烤盤紙四個角剪開，鋪時較方整。

8. 將麵糊倒入烤盤中，並用 L 型抹刀抹平後入烤箱烘烤。

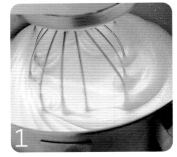
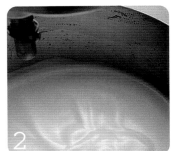

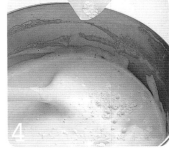
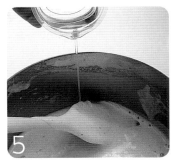

巧克力海綿蛋糕 ○ ○ ○ ○ ○ ○ ○ ○ ○ ○ ○ ○ ○ ○ ○ ○ ○

份量 ■ 平烤盤 1 個　**溫度** ■ 上火 190℃、下火 180℃　**時間** ■ 18～20 分鐘

材料：全蛋 300g・細砂糖 160g・低筋麵粉 110g・沙拉油 50g・可可粉 18g・小蘇打 3g・奶水 60g

做法：

1. 全蛋加細砂糖用攪拌機快速打發。

2. 再以慢速攪拌至氣泡細密濃稠狀。

3. 低筋麵粉過篩至白報紙上。

4. 提起白報紙將麵粉慢慢倒入並拌勻。

5. 另取一鋼盆，將沙拉油加可可粉、小蘇打拌勻後，再加奶水拌勻。

6. 將可可液邊倒邊拌入麵糊，輕快拌勻即可。

7. 烤盤紙與烤盤尺寸量好，將烤盤紙四個角剪開，鋪時較方整。

8. 將麵糊倒入烤盤中，並用 L 型抹刀抹平後入烤箱烘烤。

香草戚風黃金打法 ○ ○ ○ ○ ○ ○ ○ ○ ○ ○ ○ ○ ○ ○ ○ ○ ○

🍭 **份量**▌6吋活動圓模 2 個 　🥄 **溫度**▌上火 175℃、下火 165℃ 　⏰ **時間**▌30～35 分鐘

材料：水 60g・細砂糖 150g・沙拉油 50g・低筋麵粉 100g・蛋黃 120g・香草精 3g・蛋白 240g

做法：

1. 水與 30g 細砂糖加熱煮至糖溶化。

2. 倒入沙拉油拌勻，此時溫度約 60℃。

3. 低筋麵粉過篩後加入拌勻。

4. 蛋黃、香草精一起加入拌勻。

5. 另將蛋白用攪拌機打至起泡，120g 細砂糖分二次加入，打發至堅挺狀。

6. 將蛋白糖分兩次與麵糊拌合即可。

7. 拌勻之麵糊倒入烤模中抹平。

8. 放入烤箱前，將烤模提起再放下輕敲讓大氣泡破掉，組織較細。

Tips

※ 若是使用 8 吋活動圓模，則同樣以烘焙溫度上火 175℃、下火 165℃ 烤 30～35 分鐘至表面輕拍堅實有彈性。

※ 若使用平烤盤一盤，則以 190℃、下火 170℃ 烤 18～22 分鐘。

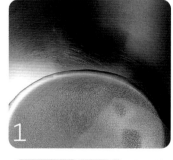

巧克力戚風黃金法 ⚪⚪⚪⚪⚪⚪⚪⚪⚪⚪⚪⚪⚪⚪⚪⚪⚪⚪⚪

🍭 **份量**■6吋活動圓模2個　✏ **溫度**■上火 175℃、下火 165℃　⏱ **時間**■30～35分鐘

材料： 水 90g・細砂糖 30g・沙拉油 60g・可可粉 25g・低筋麵粉 80g・蛋黃 100g・蛋白 200g・
細砂糖 120g

做法：

1. 水與 30g 細砂糖煮溶解。

2. 沙拉油與可可粉用打蛋器拌勻，與糖水拌勻。

3. 低筋麵粉過篩加入拌勻後，加蛋黃拌勻。

4. 蛋白打起泡，細砂糖分二次加入打發，再與麵糊拌合，即可倒入模型。

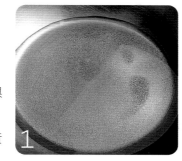

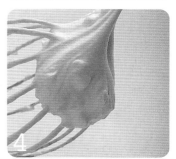

派皮製作 ⚪⚪⚪⚪⚪⚪⚪⚪⚪⚪⚪⚪⚪⚪⚪⚪⚪⚪⚪

🍭 **份量**■7吋派盤2個

材料： 奶油 120g・白油 40g・
糖粉 120g・蛋黃 20g・
全蛋 50g・低筋麵粉 300g・
香草精 4g

做法：

1. 將奶油軟化，加入白油拌勻後，再加糖粉稍微打發。

2. 蛋黃、全蛋分次加入拌勻。

3. 低筋麵粉過篩，與香草精加入，並用刮刀拌成糰即可。

4. 用塑膠袋包住麵糰壓扁，放入冰箱冷藏鬆弛即可隨時取用。

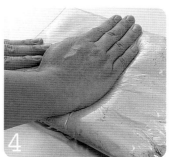

Part 1

Tea Time Tea

午茶時光

Tea Time

香料迷人清新的芳香，

對於鬆弛緊繃的情緒有極大的助益。

而利用香料製成的甜點，

只要再搭配一杯香醇的紅茶或咖啡，

更能使悠閒的午茶時光增添些許的浪漫氣息。

菊花蜂蜜烤布丁

份量 ■ 9.5×8×高3.5公分布丁模8個 ／ 溫度 ■ 上火170℃、下火180℃ ⏰ 時間 ■ 20～25分鐘

材料

A. 蛋液

鮮奶·····················1000g

細砂糖·················90g

乾燥菊花·············15g

全蛋·····················450g

香草精·················3g

蜂蜜·····················40g

B. 焦糖凍

細砂糖·················150g

水·····················420g

吉利T·················15g

Tips
焦糖勿煮過久，否則易產生苦味，色澤也不漂亮。

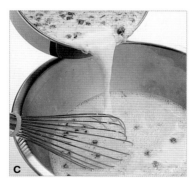

1　焦糖凍：將100g細砂糖加20g的水，用小火煮至焦黃冒煙時，熄火，沿著鍋邊再加入400g的水煮沸（圖a）。

2　接著將剩餘的50g細砂糖與吉利T乾拌後加入，用打蛋器拌勻後，平均倒入布丁模。放入冰箱凝結備用。

3　將材料A的鮮奶與細砂糖煮沸，加入菊花後，泡至出味（圖b）。

4　另取一鋼盆，將全蛋加入香草精、蜂蜜拌勻後，溫菊花鮮奶再分次倒入拌勻（圖c）。

5　過濾後，倒入已凝結的焦糖果凍上（圖d），隔熱水烤至輕敲模邊至中心凝結即可。

薰衣草手工餅乾

🔍 份量 ■ 約100～120片　　✏ 溫度 ■ 上火 180 ℃、下火 160 ℃　　⏰ 時間 ■ 15～20 分鐘

材料

A. 奶油·················250g
　 糖粉·················200g
　 蛋白·················50g
　 低筋麵粉···········400g
　 薰衣草·············10g

B. 細砂糖（沾表面用）適量

 Tips

🖇 手工餅乾所有材料拌勻即可，不需打發，否則烤起來容易變形。

1　將奶油軟化，加入糖粉拌勻（不需打發），接著蛋白分二次加入拌勻（圖a）。加入已過篩的低筋麵粉及薰衣草拌成糰（圖b）。

2　將麵糰分成三塊，每塊約300g，並分別將麵糰搓成圓形條狀（圖c）。

3　麵糰滾沾上細砂糖後，用烘焙紙捲起（圖d），放入冰箱冷凍。

4　麵糰冰硬後取出，切約0.5公分圓片狀排盤，放入烤箱烤焙。

肉桂風味蘋果派

份量 ■ 7吋派盤2個　　溫度 ■ 上火200℃、下火220℃　　時間 ■ 25～30分鐘

材料

A. 塔皮

奶油	120g
白油	40g
糖粉	120g
蛋黃	20g
全蛋	50g
低筋麵粉	300g
香草精	4g

B.

全蛋	400g
細砂糖	25g
紅糖	10g
肉桂粉	2g
奶油	50g
檸檬汁	30g
富士蘋果	8 個
（每個約200g）	

Tips

- 做法1、2、3（即塔皮做法）請參見第17頁。
- 蘋果泡鹽水約5分鐘即可，否則會影響整體的口感。

a

b

c

d

1. 將奶油軟化，加入白油拌勻後，再加糖粉稍微打發。蛋黃、全蛋分次加入拌勻。

2. 低筋麵粉過篩，與香草精加入，並用刮刀拌成糰即可。

3. 用塑膠袋包住麵糰壓扁，放入冰箱冷藏鬆弛30分鐘。

4. 取出兩塊麵糰（每塊約300g），將麵糰擀平至與派模直徑＋兩邊高後捲起，放至模內壓平整後，再把多餘的部分切平（圖a）。

5. 另將全蛋加細砂糖、紅糖、肉桂粉拌勻（圖b）。把奶油融化慢慢加入拌勻後，再加入檸檬汁拌勻（圖c）。

6. 蘋果切片泡鹽水濾乾，再加入蛋液中，泡約30分鐘後，裝入派盤，先鋪蘋果，再倒蛋液，（圖d），送進烤箱烘烤即可。

迷迭香巧克力馬芬

份量 ■ 16個（每個約90g）　溫度 ■ 上火180℃、下火170℃　時間 ■ 20～25分鐘

材料

A. 糖粉·························· 190g
　 奶油·························· 115g
　 全蛋·························· 150g
　 新鮮迷迭香············ 15g
　 鮮奶油·················· 265g
　 可可粉···················· 40g

B. 低筋麵粉················ 150g
　 高筋麵粉················ 150g
　 泡打粉···················· 10g
　 小蘇打······················ 3g

C. 碎核桃···················· 190g
　 耐烤巧克力豆········ 190g
　 君度澄酒················ 20g

Tips

君度澄酒（Cointreau）就是一般
所謂的橙皮酒，也譯成康途酒，
是一種含有香橙味的香甜酒，常
用在烘焙上，增加產品的風味。

a

b

c

d

1 糖粉加奶油稍打發後，全蛋打
　散，分次加入拌勻（圖a）。

2 迷迭香切碎，與煮沸的鮮奶油
　泡約5分鐘出味，稍冷卻加入
　拌勻（圖b）。

3 將可可粉與材料B的所有粉類
　一起過篩加入拌勻（圖c）。

4 最後將碎核桃、巧克力豆及酒
　加入拌合（圖d），即可用擠
　花袋裝入紙模烘烤。

玫瑰荔枝慕斯

份量 ■ 6吋慕斯模 2 個

材料

A. 果泥
荔枝果泥……………… 250g
水………………………… 90g
玫瑰花…………………… 5g
吉利丁…………………… 13g

B. 義大利蛋白霜
細砂糖…………………… 60g
蛋白……………………… 60g

C.
動物性鮮奶油……… 200g
玫瑰蜜露………………… 15g
海綿蛋糕體………… 2 個
（各橫切成兩片）

D. 裝飾
鏡面果膠（可直接使用）100g
植物性鮮奶油（打發）200g

Tips

✎ 義大利蛋白霜的做法是，先將糖水煮至 121℃，再沖入已打發成濕性發泡的蛋白再打至發。常用在慕斯及奶油的製作上，可使成品口感較鬆軟。

a

b

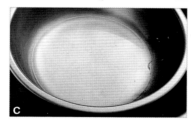

c

d

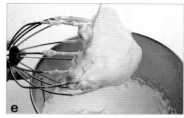

e

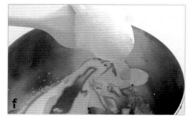

f

1 將荔枝果泥加水煮沸後，加入玫瑰花泡出味後過濾（圖a）。

2 吉利丁泡冰水（圖b），泡軟後擠乾水份。

3 泡軟之吉利丁隔水溶化（圖c）後，加入做法1的果泥拌勻，冷卻備用。

4 細砂糖加少許水潤濕，煮至121℃的大氣泡。以圓型小圈沾糖漿，可吹出泡泡即成（圖d）。

5 另將蛋白打起泡後（圖e），將做法4的糖漿慢慢倒入，接著用攪拌機快速攪拌至乾性發泡，分次與果泥拌合。

6 鮮奶油打發至濕性發泡狀後（圖f），與玫瑰蜜露再加入拌合，即可灌模。先鋪一片蛋糕片，灌至模高九分滿時，再鋪一片蛋糕片，放入冰箱冷凍。

7 將慕斯冷凍冰硬後，表面抹鏡面果膠，接著脫模，邊抹上打發的鮮奶油，並以齒形刮板刮出紋路（圖g），再做表面裝飾即可。

g

茉香低脂洋梨奶酪

份量 ■ 6吋中空模 2個

材料

A. 鮮奶‧‧‧‧‧‧‧‧‧‧‧‧‧‧‧‧‧‧ 300g

細砂糖‧‧‧‧‧‧‧‧‧‧‧‧‧‧‧‧ 90g

茉莉花‧‧‧‧‧‧‧‧‧‧‧‧‧‧‧‧‧ 8g

大洋梨罐頭‧‧‧‧‧‧‧‧‧ 1罐

吉利丁‧‧‧‧‧‧‧‧‧‧‧‧‧‧‧‧ 10g

瑪士卡邦起士‧‧‧‧‧‧‧ 150g

動物性鮮奶油‧‧‧‧‧‧‧ 250g

6吋蛋糕體‧‧‧‧‧‧‧‧‧‧‧‧ 1個

（橫切成兩片）

B. 裝飾

杏桃鏡面果膠‧‧‧‧‧‧‧‧適量

小洋梨‧‧‧‧‧‧‧‧‧‧‧‧‧‧‧‧‧適量

糖粉‧‧‧‧‧‧‧‧‧‧‧‧‧‧‧‧‧‧‧適量

（可依個人喜好自行選擇）

Tips

🖉 蛋糕體做法可參見第14頁。

🖉 花茶泡約10分鐘即可，過久會產生苦澀味。

a

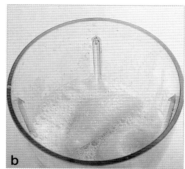
b

c

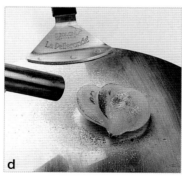
d

1　鮮奶加細砂糖煮滾後，加入茉莉花，泡出味再過濾（圖a）。

2　洋梨果肉用果汁機打成汁後，與茉莉花鮮奶一起煮至85℃（圖b）時，將吉利丁泡軟加入融化。

3　待冷卻，加入瑪士卡邦起士及打發的鮮奶油拌勻（圖c），即可灌入模型中，至九分滿時，再將蛋糕片鋪上，即可放入冰箱冷凍冰硬（約3小時）。

4　脫模後，淋微溫之鏡面果膠後，以小洋梨灑糖粉，用噴火槍燒成焦黃裝飾（圖d）。

薄荷芒果雙味泡芙

| 份量 24個 | 溫度 上火190℃、下火200℃ | 時間 20～25分鐘 |

材料

A. 泡芙

鮮奶·····················140g
奶油·····················90g
細紗糖···················10g
低筋麵粉·················120g
全蛋·····················250g

B. 卡士達餡

鮮奶·····················80g
芒果果泥·················300g
新鮮薄荷葉···············6g
奶油·····················40g
蛋黃粉···················30g
玉米粉···················30g
細砂糖···················60g
蛋黃·····················60g

C. 動物性鮮奶油（打發）300g
薄荷香甜酒···············15g

Tips

卡士達餡煮至濃稠時，鍋底非常容易焦化，所以要快速攪拌。

a

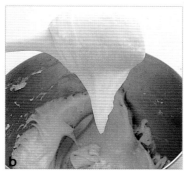
b

c

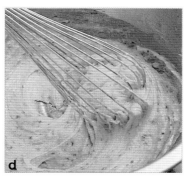
d

1. 泡芙：將鮮奶加奶油、細砂糖煮沸，接著低筋麵粉過篩倒入（圖a），再攪拌至鍋底稍結皮即離火。

2. 將做法1的麵糊倒入攪拌缸，全蛋打散，分次加入拌勻。至滑下呈三角形光滑狀（圖b），擠圓球狀於不沾烤盤，然後放入烤箱烘烤。

3. 卡士達餡：將鮮奶、果泥及薄荷葉用果汁機攪碎，與奶油煮沸，沖入蛋黃粉加玉米粉、糖及蛋黃拌勻之蛋黃糊中（圖c）。

4. 再至爐火上均勻攪拌，煮至冒泡濃稠即可離火，冷卻後，與打發鮮奶油與酒拌合（圖d）；接著將奶油餡裝入擠花袋，分別擠入烤好的泡芙內即可。

百里香手工巧克力

份量 50～60粒

材料

苦甜巧克力……………… 350g
奶油………………………… 30g
動物性鮮奶油………… 200g
百里香……………………… 2g
防潮可可粉………… 適量
（表面沾裹用）

1 將苦甜巧克力切碎後，加入奶油隔熱水融化（圖a）。

2 另將鮮奶油煮沸，加入百里香泡約5分鐘（圖b），出味後過濾。

3 將做法1融化的巧克力與與做法2的鮮奶油兩者拌合，待冷卻凝結時，用擠花袋擠於烤焙紙上（圖c）。

4 將奶油巧克力冷藏冰稍硬後取出，戴手套搓成圓形，放於防潮可可粉中沾裹均勻即成（圖d）。

 Tips

成品一定要放進冰箱冷藏保存，否則容易變質。

35

Part 2
Valentine's day Valent

情人節禮物

Valentine's day

送給戀人最好的禮物是什麼？
自己動手做甜點最能表達自己的心意。
不管是茉香青蘋果、紫蘇風味金桔慕斯的酸甜，
或是玫瑰杏桃水果百匯、百里香巧克力的濃郁美味，
更會讓彼此的戀情驚喜無限！

八角風味巧克力慕斯

份量■6吋六角慕斯模1個

材料

蛋黃·······················35g
細砂糖·····················10g
鮮奶·······················50g
八角·······················2顆
吉利丁·····················8g
苦甜巧克力···············100g
動物性鮮奶油···········200g
6吋巧克力蛋糕體········1個
（橫切成兩片）
防潮可可粉··············適量
巧克力片·················適量
（貼邊）

Tips

🖉 蛋糕體做法可參見第15頁。

🖉 慕斯體要加入打發的鮮奶油時，溫度不要低於38℃，否則慕斯會變得很稠，不容易灌模。

🖉 凡是壓模的兩片慕斯蛋糕，都是將其中的一片蛋糕片壓成與慕斯圈一樣大小做為鋪底；另一片蛋糕片則稍微修整成小一點，放置中間。

1 蛋黃加細砂糖拌勻；另將鮮奶與八角煮滾泡5分鐘後，過濾，沖入蛋黃糖拌勻（圖a）。

2 將做法1的蛋黃糖鮮奶隔水加熱，並打發煮至85～87℃，加入泡軟之吉利丁拌至融化（圖b）。

3 將苦甜巧克力切碎，倒入做法2拌至巧克力融化，待溫度降至40℃時，再加入打發的鮮奶油拌合。

4 用六角慕斯模分別將兩片蛋糕壓出形。慕斯模底先鋪一片蛋糕片，倒入做法4的慕斯約模高1/2時，再鋪一片蛋糕片，接著慕斯再倒入至模高後抹平（圖c），放入冰箱冷凍6小時。

5 冷凍後脫模，篩上防潮可可粉（圖d），並裝飾八角及貼巧克力片。

草莓羅勒蛋糕

份量■ 6吋圓形慕斯模 1 個

材料

A. 草莓慕斯

草莓果泥‧‧‧‧‧‧‧‧‧‧‧‧‧‧‧‧‧ 180g

新鮮羅勒葉‧‧‧‧‧‧‧‧‧‧‧‧‧‧‧‧ 2g

細砂糖‧‧‧‧‧‧‧‧‧‧‧‧‧‧‧‧‧‧‧‧ 40g

吉利丁‧‧‧‧‧‧‧‧‧‧‧‧‧‧‧‧‧‧‧‧ 7g

酸奶優格‧‧‧‧‧‧‧‧‧‧‧‧‧‧‧‧‧‧ 65g

君度澄酒‧‧‧‧‧‧‧‧‧‧‧‧‧‧‧‧‧‧ 10g

動物性鮮奶油‧‧‧‧‧‧‧‧‧‧ 180g

新鮮草莓 1 盒（約 30～40 顆）

香草海綿蛋糕體‧‧‧‧‧‧‧‧ 1 個

（橫切成兩片）

B. 淋面

原味鏡面果膠‧‧‧‧‧‧‧‧‧‧ 100g

草莓果泥‧‧‧‧‧‧‧‧‧‧‧‧‧‧‧‧‧‧ 80g

熱開水‧‧‧‧‧‧‧‧‧‧‧‧‧‧‧‧‧‧‧‧ 50g

Tips

⊘ 蛋糕體做法可參見第 14 頁。

⊘ 圍邊的草莓盡量切薄一點，否則
不好緊貼慕斯圈。

a

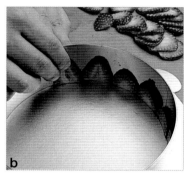

b

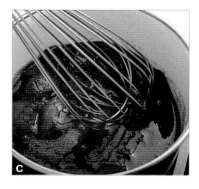

c

d

1 草莓慕斯：將草莓果泥加羅勒
葉用果汁機攪至碎狀後，加細
砂糖煮至溫度約 90℃。

2 放入泡軟吉利丁融化，再隔冰
水降溫至約 38℃（圖 a）。

3 加入優格、酒及打發的鮮奶油
拌勻，即可裝入慕斯模中。

4 將新鮮草莓切片，貼於慕斯模
邊（圖 b），底部先鋪蛋糕
片，裝入做法 3 的 1/2 草莓慕
斯，中間再放蛋糕片，將慕斯
餡裝滿後，即可放入冰箱冷凍
冰硬（約 6 小時）。

5 淋面：鏡面果膠加果泥及水，
一起煮至無顆粒即可（圖 c）。

6 等慕斯冰硬、果膠稍溫時，即
可淋面（圖 d），凝結後做表
面裝飾。

玫瑰杏桃水果百匯

份量 ■ 18公分 × 18公分的正方形慕斯模 1 個

材料

A. 杏桃果泥……………… 200g

水……………………… 50g

玫瑰花…………………… 6g

蛋黃…………………… 80g

糖粉…………………… 60g

玫瑰蜜露……………… 30g

吉利丁………………… 15g

動物性鮮奶油……… 250

18公分 × 18公分的海綿蛋

糕片………………… 3 片

B. 裝飾

純白巧克力………… 200g

鏡面果膠…………… 20g

（可直接使用）

水果…………………… 適量

（可依個人喜好）

Tips

🖉 可直接使用的鏡面果膠是指，不
需加水、加熱，打開可立即使用
的果膠。

a

b

c

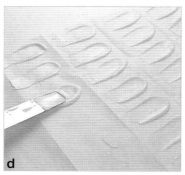
d

1 果泥加水煮沸，放入玫瑰花泡
出味後過濾（圖a）。

2 蛋黃加糖粉隔水加熱，打發至
約85～87℃（圖b）。

3 趁溫熱加入玫瑰蜜露及泡軟之
吉利丁拌勻（圖c），待降溫至
38℃時，加入打發的鮮奶油拌
勻，即是內餡。

4 先放一片蛋糕，抹上內餡，再
蓋上一片蛋糕，再抹上內餡，
再蓋上一片蛋糕後，放入冰箱
冷藏（約6小時）。

5 蛋糕取出後，表面抹上直接使
用的鏡面果膠，並依個人喜好
裝飾水果。

6 裝飾：將白巧克力切碎隔水融
化，用抹刀沾起於烘焙紙抹成
長片狀（圖d），冷卻後，貼在
蛋糕體四周即可。

香草巴伐利亞

份量 ■ 6吋心型慕斯模 1 個

材料

A. 慕斯

蛋黃·····················60g
細砂糖·················50g
鮮奶····················250g
香草豆莢···········1/4 條
吉利丁···················8g
動物性鮮奶油········125g
香草海綿蛋糕體······1 個
　　　　（橫切成兩片）

B. 淋面

動物性鮮奶油········100g
純白巧克力···········15g
奶油····················15g
君度澄酒················8g

C. 裝飾

新鮮草莓··············2 顆
香草豆莢···············1 條
防潮糖粉···············適量

Tips

🔗 蛋糕體做法可參見第14頁。

🔗 淋面時，巧克力淋醬的溫度約保
　持40℃時，淋起來的效果較光
　滑、漂亮。

a

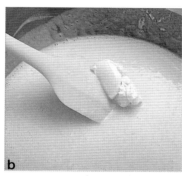
b

c

d

1　蛋黃加細砂糖拌勻，另將鮮奶
　與香草籽（從香草豆莢取出）
　煮沸泡出味後，沖入蛋黃糖拌
　勻（圖a），然後隔水加熱，打
　發至85℃。

2　接著加入泡軟之吉利丁，等降
　溫至38℃，再加入打發的鮮
　奶油拌勻後再灌入模型。

3　先在慕斯模中鋪一片蛋糕片，
　倒入做法2的慕斯約模高1/2
　時，再鋪一片蛋糕片，接著慕
　斯再倒入至模高後抹平，放入
　冰箱冷凍6小時。

4　淋面：將鮮奶油煮沸，沖入切
　碎的巧克力與奶油拌勻（圖
　b），接著再加入君度澄酒拌
　勻。

5　當做法4的淋面稍冷卻至濃稠
　狀時，均勻地淋裹至做法3已
　脫模的蛋糕體上（圖c）。再放
　入冰箱冷藏冰至表面凝結（約
　30分鐘）。

6　取出成品，於蛋糕表面裝飾草
　莓及切細香草條，並篩上防潮
　糖粉即成（圖d）。

巧琳百里香巧克力經典蛋糕

份量 ■ 6吋慕斯模1個（模狀可依需要自行選擇）

材料

A. 百里香慕斯

蛋黃	40g
細砂糖	10g
百里香粉	1g
鮮奶	50g
苦甜巧克力	50g
牛奶巧克力	50g
吉利丁	7g
動物性鮮奶油	200g
巧克力海綿蛋糕體	1個
（橫切成兩片）	

B. 鏡面淋醬

水	75g
細砂糖	120g
可可粉	55g
動物性鮮奶油	90g
吉利丁	9g

Tips

🖉 蛋糕體做法可參見第15頁。

🖉 煮鏡面淋醬時，一定要一直輕輕的攪拌，否則容易焦化。

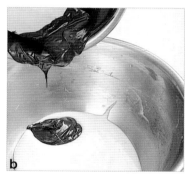

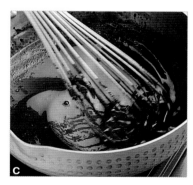

1 百里香慕斯：蛋黃加細砂糖拌勻後，另將百里香粉與鮮奶煮滾出味過濾加入蛋黃糖（圖a），並隔水打發至85℃。

2 苦甜巧克力、牛奶巧克力與泡軟之吉利丁隔水融化（圖b），並加入做法1的蛋黃糊中拌勻。待降溫至40℃，再將打發的鮮奶油分二次加入拌合再灌入模型。

3 先在慕斯模中鋪一片蛋糕片，倒入做法2的慕斯約模高1/2時，再鋪一片蛋糕片，接著慕斯再倒入至模高後抹平，放入冰箱冷凍6小時。

4 鏡面淋醬：將水、細砂糖、可可粉、鮮奶油一起煮約103℃時，降溫至70～75℃（圖c）。

5 吉利丁泡冰水軟化後，加入做法4拌合，即可淋裹至脫模的蛋糕體上（圖d）。再放入冰箱冷藏冰至表面凝結（約30分鐘）。

茉香青蘋果

份量 ■ 半圓形慕斯模 1 個

材料

A. 慕斯

鮮奶·····················130g
茉莉花···················4g
蛋黃·····················40g
細砂糖···················50g
吉利丁···················8g
青蘋果果泥············160g
瑪士卡邦起士··········120g
動物性鮮奶油···········200g
香草海綿蛋糕體······1個
　　　　　（橫切成兩片）

B. 淋面

青蘋果果泥············120g
原味鏡面果膠··········120g
水·······················30g

Tips

🔗 蛋糕體做法可參見第14頁。

🔗 此蛋糕在淋面時，可淋完一次時，放入冰箱冷凍約10分鐘後，取出來再淋一次，表面會比較光滑、漂亮。

a

b

c

d

1　鮮奶煮沸，加入茉莉花，泡出味約5分鐘（圖a）。

2　蛋黃與細砂糖拌勻，將做法1的茉莉花過濾掉後加入拌勻，然後隔水加熱並打發至85℃。

3　加入泡軟之吉利丁拌融後，再加入隔水融化的青蘋果果泥拌勻；待降溫至38℃，加瑪士卡邦及打發的鮮奶油拌勻即可（圖b）。

4　半圓慕斯模先倒入做法3的1/2慕斯餡，鋪上蛋糕片後輕壓平，再倒入慕斯餡至九分滿，最後鋪上一片蛋糕片，即可放入冰箱冷凍約6小時（圖c）。

5　淋面：將青蘋果果泥加鏡面果膠及熱開水煮至融化均勻（圖d），於溫熱時淋裹於脫模慕斯上即可。

紫蘇風味金桔慕斯

份量 ■ 8吋凸三角慕斯模1個

材料

A. 慕斯
金桔果泥……………… 200g
新鮮紫蘇葉……………… 3g
水………………………… 50g
吉利丁…………………… 10g
原味優格………………… 50g
動物性鮮奶油………… 250g
巧克力蛋糕體………… 1個
　　　　　　（橫切成兩片）

B. 義大利蛋白霜
細砂糖…………………… 80g
蛋白……………………… 80g

C. 裝飾
可可粉………………… 適量
鏡面果膠……………… 適量
紫蘇葉………………… 適量
桔子瓣………………… 適量

Tips

✐ 義大利蛋白霜的做法：先將糖水煮至121℃，再沖入已打發成濕性發泡的蛋白再打至發。常用在慕斯及奶油的製作上，可使成品口感較鬆軟。

✐ 做法1由於是使用新鮮的紫蘇葉，所以沒有再過濾。

✐ 蛋糕體做法可參見第15頁。

a

b

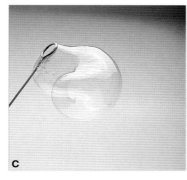
c

d

1　金桔果泥加切碎的紫蘇葉及水（圖a），煮沸離火，泡出味後再冷卻。

2　另將吉利丁泡冰水軟化後取出，隔水融化加入做法1拌勻（圖b），接著再與優格拌勻。

3　細砂糖加少許水，煮至105℃可吹出泡泡時（圖c），慢慢倒入打起泡的蛋白中，打發成義大利蛋白霜，再與打發的鮮奶油拌入果泥，即可灌入模型。

4　先在慕斯模中鋪一片蛋糕片，倒入做法3的慕斯約模高1/2時，再鋪一片蛋糕片，接著慕斯再倒入至模高後抹平，放入冰箱冷凍6小時。

5　冰硬後，脫模，篩上少許可可粉，並抹上直接使用的鏡面果膠抹平（圖d），表面裝飾紫蘇葉及桔子瓣。

薑味蜂蜜芒果蛋糕

份量 ■ 32 × 22 × 高 8 公分木框模　　溫度 ■ 上火 170 ℃、下火 160 ℃　　時間 ■ 25～35 分鐘

材料

全蛋 ························· 500g
細砂糖 ····················· 180g
中筋麵粉 ··················· 230g
薑粉 ···························· 3g
SP 蛋糕乳化劑 ············ 25g
沙拉油 ······················ 70g
奶油 ························· 70g
芒果果泥 ··················· 150g
奶水 ························· 50g
蜂蜜 ························· 90g

Tips

SP 蛋糕乳化劑可使產品組織綿密、增加保濕性,與更好的膨脹力。

a

b

c

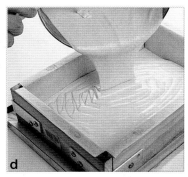

d

1 全蛋加細砂糖隔熱水攪拌至 38～40℃,用攪拌機中快速打發至濃稠狀(圖 a),接著加入過篩的麵粉及薑粉拌勻。

2 再加入蛋糕乳化劑,繼續用攪拌機攪拌至膨發(圖 b)。

3 油類及果泥、奶水、蜂蜜加熱約 60℃,慢慢倒入攪拌至均勻即可(圖 c)。

4 木框鋪好烤焙紙,倒入麵糊並抹平(圖 d),接著放入烤箱烘烤。

Part 3

Birthday Party Birthd

生日派對

Party ▶▶▶ Birthday Party

Happy Birthday to you.

Happy Birthday to everybody.

不管是自己的生日聚會或參加別人的生日派對，

自己動手做蛋糕，送禮自用兩相宜。

香草羅傑蛋糕

份量■6吋海綿蛋糕2個

材料

A. 卡士達餡

蛋黃粉……………… 25g
玉米粉……………… 25g
細砂糖……………… 40g
蛋黃………………… 60g
鮮奶………………… 400g
香草豆莢…………… 1/4 條
奶油………………… 40g
動物性鮮奶油……… 350g
白蘭地……………… 20g

B. 6吋海綿蛋糕體……… 2個
（各橫切成三片）
薄面皮（烤金黃）… 8 張

Tips

薄麵皮（Fillo）一般用於奧地利蘋果捲的外皮或裝飾，台灣大部分的烘焙材料店均有販售。

蛋糕體做法可參見第14頁。

a

b

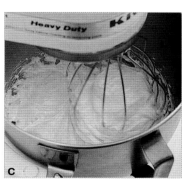
c

d

1 卡士達餡：蛋黃粉加玉米粉及細砂糖拌勻，再加蛋黃拌成蛋黃糊。

2 將鮮奶與香草籽（從香草豆莢取出）煮沸，沖入做法1的蛋黃糊拌勻（圖a）。

3 加入奶油，於爐火繼續攪拌至濃稠冒泡即可（圖b）。

4 將做法3的奶油餡倒入攪拌器以慢速攪拌至冷卻後（圖c），再與打發的鮮奶油及白蘭地酒拌合。

5 將海綿蛋糕體各切成三片，先放一片蛋糕，抹上卡士達餡，再蓋上一片蛋糕，再抹上卡士達餡，再蓋上一片蛋糕，再抹上卡士達餡後，將夾好的蛋糕表面及周邊都貼上烤金黃之薄麵皮（圖d）裝飾即可。

桑椹甜羅勒巧克力蛋糕

份量 ■ 8吋正方模1個

材料

A. 桑椹果泥 ·············· 125g
　　礦泉水 ················· 30g
　　甜羅勒葉（切碎） ······ 2g
　　吉利丁 ················· 6g
　　牛奶巧克力 ············ 250g
　　冷凍桑椹粒 ············ 40g
　　動物性鮮奶油 ········· 300g
　　巧克力蛋糕體 ········· 1個
　　　　　　　（橫切成兩片）

B. 淋醬
　　鏡面果膠 ·············· 100g
　　桑椹果泥 ·············· 50g
　　水 ····················· 50g

Tips

🖉 蛋糕體做法可參見第15頁。
🖉 由於此處使用新鮮的甜羅勒葉，
　所以可與水及果泥一起用調理機
　（或果汁機）打碎後再煮。

1　桑椹果泥加礦泉水及切碎的羅勒葉煮沸，拌融後，加入泡軟之吉利丁拌勻（圖a）。

2　將做法1的果泥醬降溫至50℃，再與隔水融化之牛奶巧克力拌合（圖b）。加入切碎桑椹粒拌合（圖c）。

3　另將鮮奶油打發，分二次與做法2的果泥醬拌勻即可（圖d）。

4　接著將做法3的內餡灌入模中。先鋪一片蛋糕片，灌至模高約1/2時，再鋪一片蛋糕片，再灌至模高九分滿時，即可放入冰箱冷凍冰硬。

5　將果膠、桑椹果泥、水一起煮滾拌合即可，於溫熱時，滾拌合即可，淋於做法4冰硬的慕斯上抹平。

開心果洋甘菊蛋糕

份量■平烤盤1個	溫度■上火 190℃、下火 170℃	時間■20～25分鐘

材料

A. 開心果蛋糕

杏仁膏·················· 180g
全蛋·················· 165g
蛋黃·················· 55g
開心果濃縮醬········ 30g
奶油·················· 40g
低筋麵粉············· 90g
蛋白·················· 160g
細砂糖··············· 100g

B. 夾心餡

動物性鮮奶油········ 200g
洋甘菊··············· 10g
白巧克力············· 150g
奶油·················· 15g
植物性鮮奶油········ 125g
（打發）

 Tips

攪打開心果蛋糕時，杏仁膏一定要確實攪打至軟，才能加入蛋液中，這樣才能避免蛋糕體結粒的情形。

a

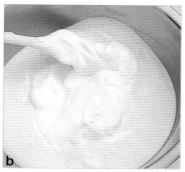
b

c

d

1 杏仁膏攪軟後，全蛋與蛋黃慢慢倒入（圖a），攪拌至濃稠狀後，再加入開心果醬融化奶油拌勻。

2 低筋麵粉過篩拌入後，與打發之蛋白、糖拌合（圖b），接著倒入鋪紙的平烤盤放入烤箱烘烤。

3 夾心餡：鮮奶油煮沸，加入洋甘菊後泡出味過濾，至切碎巧克力及奶油中拌勻，再與打發的鮮奶油拌合（圖c），即為夾心餡。

4 組合：取出做法2烤好的蛋糕，橫切成三片。先放一片蛋糕，再放一層夾心餡，再放一片蛋糕，再放一層夾心餡，再放一片蛋糕，最後再放一層夾心餡。接著用鋸齒狀的薄板在表面刮出紋路。

5 切下烤好之蛋糕皮，用粗篩網篩成細粒，灑在夾層好之蛋糕表面做裝飾（圖d）。

班蘭格斯蛋糕

| 份量■平烤盤1個 | 溫度■上火 200 ℃、下火 170 ℃ | 時間■20～25分鐘 |

材料

A. 班蘭蛋糕

全蛋··················· 400g
細砂糖················ 125g
低筋麵粉············· 135g
玉米粉················· 30g
泡打粉··················· 3g
奶油··················· 80g
椰奶··················· 75g
班蘭精············· 1 茶匙

B. 卡士達餡

椰奶··················· 150g
水····················· 150g
鮮奶··················· 60g
鹽······················· 2g
奶油··················· 60g
細砂糖················· 55g
玉米粉················· 15g
卡士達粉············· 15g
班蘭精··········· 1/2 茶匙
全蛋··················· 80g
吉利丁················ 7.5g

Tips

✐ 卡士達粉即是現成市售的克林姆預拌粉，由糖、奶粉、玉米粉調和而成，一般用來做為蛋糕或泡芙的夾餡。

✐ 烘焙蛋糕時間勿過長，烤至中間有彈性即可，烤過久易影響口感。

a

b

c

d

1 全蛋加細砂糖打發至綿密濃稠，再加入過篩的麵粉、玉米粉及泡打粉拌勻（圖a）。

2 奶油隔水融化，與椰奶、班蘭精慢慢倒入麵糊（圖b）拌合後，即可倒入鋪紙的平烤盤放進烤箱烘烤。

3 卡士達餡：將椰奶、水、鮮奶、鹽、奶油煮沸，加入拌勻的細砂糖、玉米粉、卡士達粉、班蘭精、全蛋拌勻（圖c）。再加熱攪拌至濃稠冒泡即離火，降溫至65℃，再加入已隔水融化的吉利丁拌勻（圖d）。

4 組合：取出做法 2 烤好的蛋糕，橫切成兩片。先放一片蛋糕，再放一層卡士達餡，然後放一片蛋糕，最後再放一層卡士達餡即可。最後一層餡量可多一點，但要盡量抹平。

茉莉杏仁奶凍

份量 ■ 白蘭地塑膠杯 12 杯

材料

A. 蛋黃 ························· 90g

　　楓糖漿 ······················ 20g

　　細砂糖 ······················ 50g

　　吉利丁 ······················ 10g

　　鮮奶 ······················· 500g

　　茉莉花茶 ····················· 8g

　　動物性鮮奶油 ·········· 160g

　　杏仁露 ························ 3g

B. 裝飾

　　果醬 ···············適量

　　鏡面果膠 ···········適量

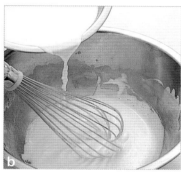

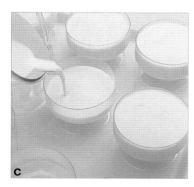

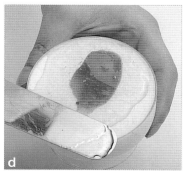

1　蛋黃加楓糖漿及細砂糖拌勻，隔水加熱，並打發至87℃後，加泡軟吉利丁攪拌融化（圖a）。

2　鮮奶煮沸加茉莉花泡出味過濾，沖入打發蛋黃糊拌勻（圖b）。

3　降溫至36℃時，加入鮮奶油及杏仁露拌勻，即可倒入塑膠杯中（圖c），放入冰箱冷凍。

4　冰凍後，表面抹上果醬，再用不須煮之鏡面果膠抹平表面裝飾（圖d）。

Tips

🖉 蛋黃糊加入鮮奶油拌合時，溫度不能太高否則會分離。

檸檬馬鞭草水蜜桃起士

份量 ■ 8吋圓模1個　　溫度 ■ 隔水烤上火170℃、下火150℃　　時間 ■ 50～60分鐘

材料

A. 水蜜桃果肉泥………… 250g
　　檸檬馬鞭草…………… 2g
　　低筋麵粉……………… 38g
　　細砂糖………………… 15g

B. 奶油乳酪……………… 500g
　　蛋黃…………………… 80g

C. 蛋白…………………… 120g
　　檸檬汁………………… 10g
　　細砂糖………………… 100g

D. 6吋香草蛋糕片……… 1片

Tips

🖉 烘烤起士時，烤模需先抹油抹
　勻，否則會影響蛋糕的烘烤效
　果，使得蛋糕體膨脹不均勻。

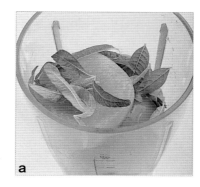
a

b

c

d

1 水蜜桃果肉加檸檬馬鞭草，用
調理機攪碎後（圖a）煮沸。
倒入已拌勻之低筋麵粉，加細
砂糖攪成麵糊（圖b）。

2 另一攪拌缸將奶油乳酪攪軟，
蛋黃慢慢倒入拌勻，再與做法
1的水蜜桃麵糊拌合（圖c）。

3 蛋白加檸檬汁打起泡後，糖分
二次加入打至八分發（圖d），
再與做法2的乳酪麵糊拌合即
可。

4 先在圓模中鋪一片蛋糕片，倒
入做法3的內餡，放進烤箱烘
烤即可。

薰衣草手工巧克力

份量 ■ 35 個

材料

A. 鮮奶油‧‧‧‧‧‧‧‧‧‧‧‧‧‧‧‧‧‧ 100g

　薰衣草花茶‧‧‧‧‧‧‧‧‧‧‧‧‧‧ 3g

　純白巧克力（切碎）150g

　奶油‧‧‧‧‧‧‧‧‧‧‧‧‧‧‧‧‧‧‧‧ 20g

　白圓球巧克力‧‧‧‧‧‧‧‧ 35 個

　純白巧克力（封口）150g

a

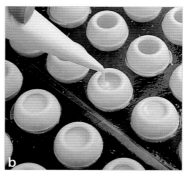

b

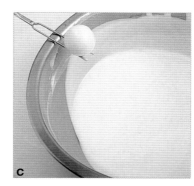

c

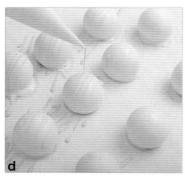

d

1 鮮奶油煮沸，加入薰衣草泡出味後，沖入切碎的巧克力及奶油中拌至融化均勻（圖a）。

2 稍冷卻後，裝入擠花袋，擠入巧克力球中待凝結（圖b）。

3 內餡凝結後，再用融化之純白巧克力封住擠入口，凝固再沾裹巧克力（圖c）。

4 於巧克力球表面，用染紫色之巧克力擠淋線條裝飾（圖d）。

Tips

🖉 巧克力封口時，要確實封密，否則內餡容易壞掉變質。

俄力岡香料手工餅乾

| 份量■ 40～50 片 | 溫度■上火 170℃、下火 150℃ | 時間■ 12～15 分鐘 |

材料

奶油······················· 120g
糖粉······················· 40g
鹽··························· 3g
蛋黃······················· 20g
匈牙利紅椒粉··············· 2g
俄力岡香料················· 3g
帕瑪森起士粉··············· 60g
低筋麵粉··················· 180g

Tips

🔗 香料可依個人喜好增減來調整香味。

1 奶油拌軟加糖粉及鹽稍打發（圖a）。加入蛋黃、紅椒粉、香料、起士粉拌勻（圖b）。

2 最後加入已過篩的低筋麵粉拌成糰。

3 將麵糰整型成長方塊狀，並用塑膠袋包起，放置冰箱冷凍至硬（圖c）。

4 冰硬後取出，以利刀切約0.5～0.7公分厚（圖d），排盤烘烤至金黃色即成。

Part 4

Party Birthd

家庭派對

Party B r h a y a t

There is no place like home. 有家最溫暖。
隨時隨地找些朋友來家裡喝杯茶或聚個餐，
誰說「轟趴」非得在外面的餐廳、飯店才行？
自己家裡的廚房或客廳也可以辦得很熱鬧。

班蘭風味蜂蜜蛋糕

份量■ 32 × 22 ×高 8 公分木框　　溫度■ 上火 200 ℃、下火 140 ℃　　時間■ 35 ～ 40 分鐘

材料

全蛋……………………	450g
細砂糖…………………	350g
麥芽……………………	60g
蜂蜜……………………	95g
低筋麵粉………………	230g
奶粉……………………	30g
班蘭香精………………	5g
溫水……………………	80g
綠色素…………………	6 滴

Tips

班蘭香精，一般烘焙材料店又稱雪翠露，是將班蘭葉蒸餾取出，無色味濃，所以會有一層綠色素，可供調色用。

1. 全蛋加細砂糖隔水加熱（圖 a），攪拌至約 45 ℃時，繼續用攪拌機中速打發至濃稠綿密乳白色。

2. 另將麥芽糖加蜂蜜隔水加熱後，慢慢倒入做法 1 中拌勻（圖 b）。

3. 低筋麵粉、奶粉過篩加入做法 2 中拌勻後，溫水、班蘭香精（含綠色素）再倒入拌勻即是麵糊（圖 c）。

4. 烤盤鋪白報紙（約 8 層）木框放上面，用烘焙裁四邊及底部，並鋪上（上面折邊可用醬糊稍微黏住，防滑落）麵糊（圖 d），放進烤箱烘烤（請預熱至上火 230 ℃、下火 180 ℃）。

5. 烤約 1 分鐘後，拉出攪拌消泡及均溫，共三次後，再烤（上火 200 ℃、下火 140 ℃）至表面褐黃色（約 35 ～ 40 分鐘），於木框上再加一個深約 6 公分高的烤盤（圖 e）或木框（上加蓋），至輕拍堅實有彈性，即可取出倒扣於一平盤，撕去邊紙後，再扣回正面冷卻。

 家・庭・派・對

綜合香料紅酒洋梨杯

份量■紅酒杯16杯

材料

水·························· 500g
細砂糖··················· 100g
肉桂條···················· 4g
丁香····················· 0.5g
荳蔻粉··················· 0.5g
紅酒····················· 250g
小洋梨罐················· 1罐

a

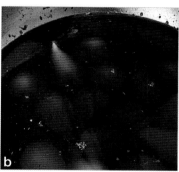

b

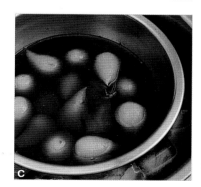

c

d

1 水、細砂糖、肉桂條、丁香、荳蔻粉及紅酒一起煮沸（圖a）。

2 再加入小洋梨煮至沸即關火（圖b）。

3 放在冰水上，隔冰水降溫冷卻（圖c），蓋保鮮膜冷藏泡入味。

4 裝於杯中擺飾，並淋上紅酒汁（圖d）。

Tips
洋梨勿煮太久，否則造成過爛會影響口感。

紫蘇風味夏日水果塔

| 份量 ■小塔杯20個 | 溫度 ■上火180℃、下火170℃ | 時間 ■15～18分鐘 |

材料

A. 塔皮

奶油·····················100g
糖粉·····················70g
蛋黃·····················20g
全蛋·····················50g
低筋麵粉·················250g
香草粉···················3g

B. 內餡

蛋黃·····················100g
細砂糖···················50g
蛋黃粉···················30g
鮮奶·····················400g
新鮮紫蘇葉···············5g
動物性鮮奶油·············250g
（打發）
君度澄酒·················15g

C. 裝飾

水果（可依各人喜好）適量

Tips

做法1、2、3請參見第17頁。

塔皮內可先擦一層巧克力，不但
能增加口感，也可使塔皮不易軟
化。

a

b

c

d

1 將奶油軟化，加入糖粉稍微打
發。蛋黃、全蛋分次加入拌
勻。

2 低筋麵粉過篩，與香草粉加
入，並用刮刀拌成糰即可。

3 用塑膠袋包住麵糰壓扁，放入
冰箱冷藏鬆弛30分鐘。

4 取出麵糰，分成20個（每個
約15g），將每個麵糰擀平至塔
杯直徑＋兩邊高後捲起，放至
塔杯壓平整後，再把多餘的部
分切掉，放進烤箱烘烤後，取
出備用。

5 蛋黃與細砂糖、蛋黃粉拌勻。

6 鮮奶加紫蘇葉用調理機攪碎
後，煮沸（圖a）。倒入已拌勻
之蛋黃糖（圖b）中，回爐火
上再攪拌至濃稠冒泡後，離火
冷卻，即為紫蘇奶油餡。

7 鮮奶油打發後，加入做法2的
紫蘇奶油餡及君度澄酒拌合即
成（圖c）。

8 於烤好的塔皮中擠入內餡（圖
d），再裝飾喜愛之時令水果或
罐頭水果後，刷鏡面果膠。

迷迭香佐酸櫻桃煎餅

份量■ 6～10人份　　溫度■ 上火 180℃、下火 160℃　　時間■ 15～20分鐘

材料

A. 蛋皮

低筋麵粉	200g
細砂糖	15g
鹽	2g
全蛋	300g
奶油	30g
鮮奶	500g

B. 白酒櫻桃沙巴洋

新鮮迷迭香	3g
白酒	250g
酸櫻桃汁	100g
細砂糖	50g
蛋黃	6g

C. 卡士達餡

鮮奶	350g
卡士達粉	100g
酸櫻桃	適量

D. 裝飾

櫻桃	適量
迷迭香	適量

Tips

沙巴洋（Sabayon），是一種蛋酒軟糕，約有兩種製作法：一種是法式：用蛋黃、糖及沒有甜度的白葡萄酒隔水加熱，打至乳化約85℃；另一種是義式：材料與做法都與法式相同，唯一不同處是，義式沙巴洋通常使用馬沙拉（Marsala）香甜酒。

a

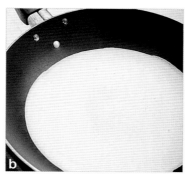
b

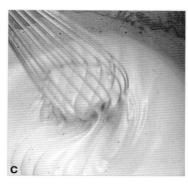
c

d

1　將低筋麵粉、細砂糖、鹽拌勻後，加入全蛋攪成麵糊狀，奶油融化拌入，最後將鮮奶（圖a）分次倒入攪拌，過濾後冷藏約1小時以上，隨時取用。

2　平底鍋小火加熱後離火，舀入做法1的1匙麵糊，並同時轉動使成圓形，再回爐火上乾煎至熟起鍋，蛋皮即成（圖b）。

3　白酒櫻桃沙巴洋：將迷迭香攪碎，與其他材料一起隔水加熱，並打發至85℃即成（圖c）。

4　將鮮奶與卡士達粉拌勻，用擠花袋擠入蛋皮內，再放上酸櫻桃，然後捲成蛋捲狀，淋上沙巴洋，用噴槍燒出焦香顏色（圖d），再裝飾櫻桃及迷迭香即可。

義式香料起士塔

| 份量 4吋塔模8個 | 溫度 上火180℃、下火170℃ | 時間 35～40分鐘 |

材料

A. 低筋麵粉·············· 80g
　　 起士粉················ 70g
　　 義式綜合香料·········· 6g
　　 細砂糖················ 30g
　　 鹽···················· 8g
　　 奶油················· 90g
　　 奶油乳酪············ 350g
　　 細砂糖·············· 100g
　　 蛋黃··············· 150g
　　 動物性鮮奶油········ 350g
　　 玉米粉·············· 15g

B. 塔皮
　　 奶油················ 200g
　　 糖粉················ 140g
　　 全蛋················ 100g
　　 低筋麵粉············ 380g
　　 香草粉·············· 3g

Tips

- 做法1與2請參見第17頁。
- 此處所選用的義式綜合香料以粉末狀較佳。

a

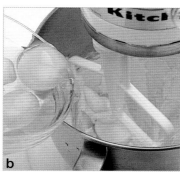

b

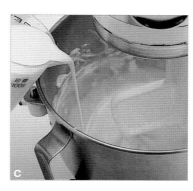

c

d

1　將奶油軟化，加入糖粉稍微打發。全蛋分次加入拌勻。

2　低筋麵粉過篩，與香草粉加入，並用刮刀拌成糰即可。用塑膠袋包住麵糰壓扁，放入冰箱冷藏鬆弛。

3　取出麵糰，分成8個（每個約40g），將每個麵糰擀平至塔模直徑＋兩邊高後捲起，放至塔模中壓平整後，再把多餘的部分切掉，放入冰箱冷藏備用。

4　低筋麵粉、起士粉、綜合香料、糖、鹽、奶油全部一起拌勻（圖a）。

5　另外奶油乳酪加細砂糖攪軟，蛋黃加入拌勻（圖b）。再將鮮奶油慢慢倒入拌勻（圖c）。

6　將做法5的乳酪糊與做法4的香料麵糊拌勻（圖d），即可加入做法3的塔模烘烤。

香橙馬鞭草蛋糕

份量 ■ 22公分長條蛋糕2條　　上火180℃、下火170℃先烤20分鐘；上火170℃、下火180℃再烤10～15分鐘

材料

糖粉	210g
奶油	120g
柳橙皮屑	2g
全蛋	160g
低筋麵粉	160g
高筋麵粉	160g
泡打粉	14g
小蘇打	3g
檸檬馬鞭草	3g
柳橙汁	230g
蜜餞桔皮	100g

Tips

當烘烤約12分鐘麵糊表面凝結時，可用小刀從左至右劃一刀，這樣會讓蛋糕成形後更美觀。

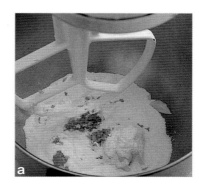
a

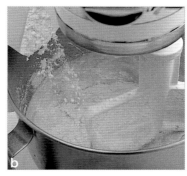
b

c

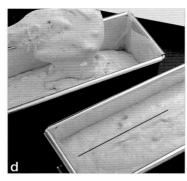
d

1 糖粉加奶油及橙皮屑用攪拌機打發至泛白（圖a）。

2 全蛋分次加入拌勻後，先加入1/3過篩粉類拌勻（圖b）。

3 馬鞭草加柳橙汁攪碎，並加熱至60℃（圖c），冷卻後加入麵糰拌勻，再加2/3粉類攪拌均勻。

4 最後加入桔皮拌合，即可放入烤模中（鋪紙），送進烤箱烘烤（圖d）。

伯爵巧克力慕斯

份量■小橢圓形慕斯模12個

材料

A. 水 ························ 150g

伯爵茶葉 ················ 10g

蛋黃 ······················ 100g

細砂糖 ··················· 20g

吉利丁 ··················· 18g

苦甜巧克力 ··········· 250g

動物性鮮奶油 ········ 500g

B. 平烤盤的巧克力蛋糕體 1個

（用小慕斯圈壓出24片）

C. 裝飾

巧克力淋醬 ·············適量

鏡面果膠 ················適量

巧克力（圍邊用）······ 300g

Tips

🔗 裝飾用的巧克力淋醬也可用鏡面巧克力代替，只要將苦甜巧克力與動物性鮮奶油隔水加熱融化即可。

a

b

c

d

1 水煮沸加入伯爵茶葉泡出味後，過濾（圖a）。

2 將蛋黃、伯爵茶水、細砂糖隔水加熱，打發至87℃後，加入泡軟之吉利丁拌勻（圖b）。

3 苦甜巧克力切碎隔水融化，加入做法2的蛋黃糊（圖c）拌勻，再將打發的鮮奶油拌入，即可灌入模型。

4 慕斯模底先鋪一片蛋糕片，倒入做法3的慕斯約模高1/2時，再鋪一片蛋糕片，接著慕斯再倒入至模高後抹平，放入冰箱冷凍6小時。

5 將慕斯取出，於慕斯上沾抹巧克力淋醬，抹鏡面果膠，另融化巧克力後，裝入小擠花袋，擠線條於圍邊紙上，趁著未凝固前圍於慕斯周邊即可（圖d）。

金萱手工巧克力

份量■50～60個（金字塔巧克力模）

材料

A. 苦甜巧克力…………… 200g

B. **巧克力餡**
鮮奶油……………… 180g
金萱茶葉……………… 5g
牛奶巧克力………… 350g
奶油………………… 50g

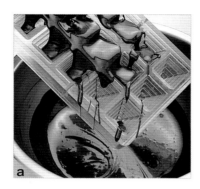

a

b

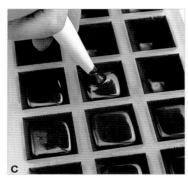

c

1 苦甜巧克力切碎，隔水融化，倒入模型（圖a），刮去多餘巧克力使外殼凝結，再倒出未凝結部分形成空殼。

2 巧克力餡：鮮奶油煮沸，加入金萱茶葉，泡出味後過濾，至牛奶巧克力及奶油鍋中拌勻（圖b）。

3 等做法1的外殼凝固時，擠入做法2的金萱巧克力（圖c），放置冷卻。

4 內餡凝結不沾黏時，再抹上一層苦甜巧克力封口，冷卻後倒扣脫模即成（圖d）。

Tips

🖉 灌巧克力內餡時，內餡溫度勿太高（約37℃），否則會不好脫模。

d

Part 5

Merry Christmas Merry C

聖誕節禮物

istmas　Merry Christmas

雪花隨風飄，花鹿在奔跑，

聖誕老公公，駕著美麗雪橇。

如果還在等聖誕老公公送來禮物，那就太遜了喔！

自己動手做些薑形餅乾，

今年的聖誕節更有溫馨的感覺。

薑味造形餅乾

份量■40〜50片	溫度■上火180℃、下火170℃	時間■12〜15分鐘

材料

A. 奶油·····················50g

　　紅糖·····················120g

　　鮮奶·····················50g

　　蜂蜜·····················120g

　　全蛋·····················50g

　　低筋麵粉················350g

　　小蘇打··················3g

　　薑粉·····················5g

　　肉桂粉··················2g

　　荳蔻粉··················2g

B. 蛋液

　　全蛋1個················40g

　　奶水·····················8g

Tips

鮮奶、蜂蜜、全蛋可先加溫至40℃時，再沖入麵糊拌勻。

a

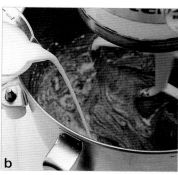

b

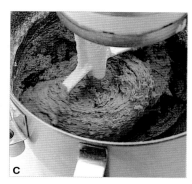

c

d

1　奶油軟化加紅糖用攪拌機稍打發（圖a）。

2　鮮奶、蜂蜜、全蛋分次加入拌勻（圖b）。

3　低筋麵粉、小蘇打、薑粉、肉桂粉、荳蔻粉一起加入，用攪拌機慢速拌成糰（圖c），冷藏約1小時鬆弛。

4　將麵糰鬆弛後至不黏手時，放在不沾布上擀壓約0.5〜0.7公分再壓模（圖d）。全部壓好後，將多餘麵糰拿起來，餅乾形麵糰則留在不沾布上，刷蛋液（將全蛋與奶水拌勻再過濾即可）後放進烤箱烘烤。

香草風味手工白巧克力

份量■約心形巧克力模60個

材料

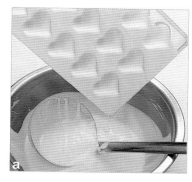

純白巧克力（做模用）適量
鮮奶油⋯⋯⋯⋯⋯⋯⋯ 120g
香草豆莢⋯⋯⋯⋯⋯⋯ 1/2 條
純白巧克力（切碎）⋯ 350g
奶油⋯⋯⋯⋯⋯⋯⋯⋯ 35g
葡萄糖漿⋯⋯⋯⋯⋯⋯ 30g
咖啡酒⋯⋯⋯⋯⋯⋯⋯ 30g

1 白巧克力隔水加熱融化，倒入模型，待外殼凝結倒出液態部分，形成空殼（圖a）。

2 鮮奶油加香草籽（從香草豆莢取出）煮沸出味後，沖入切碎的巧克力、奶油、葡萄糖漿中拌勻，最後加入咖啡酒拌勻即可（圖b）。

3 將做法2的香草巧克力擠入做法1中已凝固的空殼，稍冷卻凝結後再以白巧克力封口（圖c）。

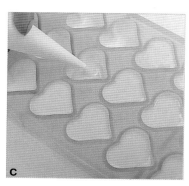

4 將模型倒扣即可脫出凝固的巧克力（圖d）。

Tips

製作巧克力時，可將模型先用棉花沾酒精擦拭過，會讓巧克力敲起來更亮。

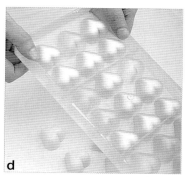

肉桂拿鐵蛋糕

| 份量■平烤盤1個 | 溫度■上火190℃、下火170℃ | 時間■18～20分鐘 |

材料

A. 全蛋······················ 350g
　　細砂糖···················· 200g
　　低筋麵粉················· 140g
　　鮮奶油···················· 70g
　　咖啡粉····················· 10g
　　沙拉油····················· 50g

B. 裝飾
　　植物性鮮奶油········· 200g
　　肉桂粉······················ 4g
　　咖啡濃縮香精·············· 6g

Tips

當蛋糕上的奶油抹好要捲起來時，可先用小刀輕輕劃過抹奶油的那面，這樣會比較好捲。

a

b

c

d

1. 全蛋加細砂糖以攪拌機快速打發（圖a）至乳白色時，改中速攪拌至乳白綿密，拌入過篩的低筋麵粉。

2. 鮮奶油煮沸加咖啡粉拌勻（圖b），再加沙拉油拌合後，慢慢倒入麵糊中拌勻，即可倒入鋪紙之平烤盤，送進烤箱烘烤。

3. 鮮奶油打發後，加入肉桂粉與香精拌勻。

4. 將烤好冷卻的蛋糕取出，抹上做法3調好的咖啡鮮奶油做為裝飾，並以白報紙捲起（圖c）。

5. 捲好之蛋糕捲，表面擠上咖啡鮮奶油（圖d），再擺上喜愛之聖誕裝飾即可。

綜合香料維也納布丁

份量■6個　　溫度■隔水烤180/170℃烤20分鐘後，調溫度180/170℃再烤10分鐘　　時間■30分鐘

材料

鮮奶油⋯⋯⋯⋯⋯⋯⋯⋯⋯80g
香草豆莢⋯⋯⋯⋯⋯⋯⋯1/4條
苦甜巧克力（切碎）⋯⋯120g
蛋黃⋯⋯⋯⋯⋯⋯⋯⋯⋯120g
肉桂粉⋯⋯⋯⋯⋯⋯⋯⋯⋯2g
薑粉⋯⋯⋯⋯⋯⋯⋯⋯⋯⋯1g
檸檬皮⋯⋯⋯⋯⋯⋯⋯⋯⋯1g
杏仁粉⋯⋯⋯⋯⋯⋯⋯⋯100g
麵包粉⋯⋯⋯⋯⋯⋯⋯⋯⋯50g
蛋白⋯⋯⋯⋯⋯⋯⋯⋯⋯200g
細砂糖⋯⋯⋯⋯⋯⋯⋯⋯100g
巧克力醬⋯⋯⋯⋯⋯⋯⋯適量
各式水果⋯⋯⋯⋯⋯⋯⋯適量

Tips

🖉 蛋糕烤好後，先放置在常溫下約
　5分鐘，再倒扣出來即可。

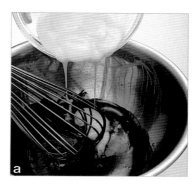
a

b

c

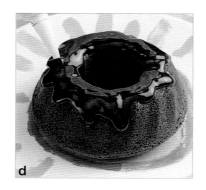
d

1　鮮奶油煮沸加入香草籽（從香草豆莢取出）泡出味，沖入切碎的苦甜巧克力攪拌融化後，再加入蛋黃拌勻（圖a）。

2　再肉桂粉、薑粉、檸檬皮、杏仁粉、麵包粉一起加入拌勻（圖b）。

3　蛋白加細砂糖打約八分發，分二次與巧克力糊拌勻（圖c）。

4　將烤模抹油灑粉的模型，倒入做法3的麵糊約六或七分滿後，放進烤箱烘烤。

5　將布丁烤至有彈性後取出，脫模後擠上巧克力醬（圖d），再裝飾水果即成。

薄荷巧克力蛋糕

份量■6吋橢圓形幕斯模1個

材料

A. 動物性鮮奶油········· 300g

　　新鮮薄荷葉·············· 3g

　　苦甜巧克力············· 100g

　　蛋黃···················· 100g

　　細砂糖·················· 35g

　　吉利丁···················· 8g

　　薄荷香甜酒············· 45g

　　巧克力蛋糕體········· 1個

　　　　　（橫切成兩片）

B. 苦甜巧克力············· 200g

　　轉寫紙·················· 1張

Tips

若喜歡薄荷味的人，可將新鮮的薄荷葉（5g）與酒（50g）的比重加重。

1　先將50g的鮮奶油加薄荷葉用果汁機攪碎，加熱至90℃，再加入已融化的100g苦甜巧克力拌勻（圖a）。

2　蛋黃加細砂糖隔水加熱，打發至85℃，加入泡軟吉利丁拌融後，與做法1的巧克力糊拌合（圖b）。

3　再加入薄荷香甜酒拌勻（圖c），最後加入250g打發的鮮奶油拌勻，即可灌入模型。

4　慕斯模底先鋪一片蛋糕片，倒入做法3的鮮奶油巧克力約模高1/2時，再鋪一片蛋糕片，接著鮮奶油巧克力再倒入至模高後抹平，放入冰箱冷凍冰硬。

5　巧克力抹在轉寫紙上，於稍凝結不沾手時，切割適當尺寸貼於慕斯邊裝飾。

普羅旺斯鹹蛋糕

份量■25個（每個約50g） | 溫度■上火170℃、下火170℃ | 時間■22～25分鐘

材料

奶油	250g
糖粉	150g
鹽	6g
全蛋	200g
鮮奶	250g
高筋麵粉	300g
低筋麵粉	150g
泡打粉	20g
綜合香料	6g
匈牙利紅椒粉	2g
黑胡椒粗粒	2g

Tips

若想增加蛋糕的風味，表面可撒上一些烤過的培根或火腿切塊。

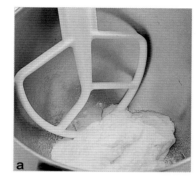

a

b

c

d

1 將奶油、糖粉、鹽用攪拌機打發，全蛋再分次加入拌勻（圖a）。

2 將一半的鮮奶慢慢加入拌勻（圖b）。

3 將其他所有剩餘的粉料一起加入拌勻，再將剩餘的另一半鮮奶加入（圖c），放進冰箱冷藏鬆弛約30分鐘。

4 將做法3的麵糊取出，放進擠花袋，擠於紙杯約七分滿（圖d），再送進烤箱烘烤即可。

伯爵巧克力草莓耶誕蛋糕

份量■6吋活動蛋糕模2個　　溫度■上火170℃、下火170℃　　時間■25～30分鐘

材料

A. 蛋糕體
全蛋·····················250g
蛋黃·····················50g
細砂糖·················130g
低筋麵粉·············100g
奶油·····················50g
沙拉油·················50g
可可粉·················30g
動物性鮮奶油········80g
伯爵茶葉···············6g

B. 夾餡
植物性鮮奶油········400g

C. 草莓餡
草莓（切片）········15個
君度澄酒···············20g
糖粉·····················30g

D. 鮮奶油·············200g
巧克力·············200g
鮮草莓·············8個

Tips

🖇巧克力淋醬做法：將鮮奶油200g
與巧克力200g以1：1隔水加熱
融化即成。

a

b

c

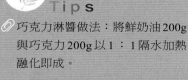

d

1 全蛋加蛋黃與細砂糖，用攪拌機打發至濃稠細密後，再加入過篩的低筋麵粉輕輕拌勻（圖a）。

2 奶油與沙拉油加熱融化，倒入可可粉拌勻（圖b）後，加入做法1的麵糊拌合。

3 鮮奶油煮沸，加伯爵茶葉泡出味，於溫熱時，加入做法2的巧克力麵糊拌合（圖c），即可放入模型，送進烤箱烘烤。

4 將草莓切片、君度澄酒加糖粉拌合。

5 取出做法3的巧克力蛋糕切片，夾入打發的植物性鮮奶油及草莓餡，抹面後放入冰箱冷凍冰硬。

6 取出蛋糕，於表面淋巧克力淋醬（圖d），並裝飾新鮮草莓即可。

檸檬馬鞭蘋果餡餅

份量■ 7吋菊花派盤 1個	溫度■上火200℃、下火220℃	時間■25～30分鐘

材料

A. 塔皮

奶油……………………80g
糖粉……………………60g
蛋黃……………………20g
全蛋……………………50g
低筋麵粉………………170g
香草粉……………………3g
奶油……………………40g

B. 蘋果餡

奶油……………………30g
細砂糖…………………80g
富士蘋果…………………5個
　（切片，泡鹽水濾乾）
檸檬馬鞭草………………3g
白蘭地…………………10g

C. 糖麵

奶油……………………40g
紅糖……………………30g
杏仁粉…………………40g
低筋麵粉………………40g
糖粉……………………20g

Tips

🔗 做法1、2、3請參見第17頁。

🔗 如果使用新鮮的檸檬馬鞭草，需先洗過再切碎，然後直接與蘋果片一起排入派盤。

a

b

c

d

1 將奶油軟化，加糖粉稍微打發。蛋黃、全蛋分次加入拌勻。

2 低筋麵粉過篩，與香草粉加入，並用刮刀拌成糰即可。

3 用塑膠袋包住麵糰壓扁，放入冰箱冷藏鬆弛即可隨時取用。

4 將兩塊麵糰每個約300g擀平至與派模直徑＋兩邊高後捲起，放至模內壓平整後，再把多餘的部分切平。

5 材料B的奶油加細砂糖煮至焦黃（圖a）。加入切好泡鹽水濾乾的蘋果片，炒至出水時，加馬鞭草再續炒（圖b）。

6 炒至焦黃色汁收乾時，加入白蘭地酒拌勻（圖c），冷卻後檸檬馬鞭草取出不用，再將蘋果片排入做法4的派皮中。

7 將材料C全部放入鍋中，用手輕搓成顆粒狀即可（圖d）。

8 將糖麵灑在蘋果派上，放進烤箱烘烤，至派皮呈褐金黃色即可取出。

附錄 / 全省烘焙材料行

北區

燈燦	103	台北市大同區民樂街 125 號	（02）2557-8104
精浩	103	台北市大同區重慶北路二段 53 號 1 樓	（02）2550-6996
洪春梅	103	台北市民生西路 389 號	（02）2553-3859
申崧	105	台北市松山區延壽街 402 巷 2 弄 13 號	（02）2769-7251
義興	105	台北市富錦街 574 巷 2 號	（02）2760-8115
媽咪	106	台北市大安區師大路 117 巷 6 號	（02）2369-9568
正大（康定）	108	台北市萬華區康定路 3 號	（02）2311-0991
倫敦	108	台北市萬華區廣州街 220-4 號	（02）230（68）305
頂顥	110	台北市信義區莊敬路 340 號 2 樓	（02）8780-2469
大億	111	台北市士林區大南路 434 號	（02）2883-8158
飛訊	111	台北市士林區承德路四段 277 巷 83 號	（02）2883-0000
元寶	114	台北市內湖區環山路二段 133 號 2 樓	（02）2658-8991
得宏	115	台北市南港區研究院路一段 96 號	（02）2783-4843
菁乙	116	台北市文山區景華街 88 號	（02）2933-1498
全家	116	台北市羅斯福路五段 218 巷 36 號 1 樓	（02）2932-0405
美豐	200	基隆市仁愛區孝一路 36 號	（02）2422-3200
富盛	200	基隆市仁愛區南榮路 64 巷 8 號	（02）2425-9255
證大	206	基隆市七堵區明德一路 247 號	（02）2456-6318
大家發	220	台北縣板橋市三民路一段 99 號	（02）8953-9111
全成功	220	台北縣板橋市互助街 36 號（新埔國小旁）	（02）2255-9482
旺達	220	台北縣板橋市信義路 165 號	（02）2962-0114
聖寶	220	台北縣板橋市觀光街 5 號	（02）2963-3112
立昀軒	221	台北縣汐止市樟樹一路 34 號	（02）2690-4024
加嘉	221	台北縣汐止市環河街 183 巷 3 號	（02）2693-3334
佳佳	231	台北縣新店市三民路 88 號	（02）2918-6456
艾佳（中和）	235	台北縣中和市宜安路 118 巷 14 號	（02）8660-8895

安欣	235	台北縣中和市連城路347巷6弄33號	（02）2226-9077
馥品屋	238	台北縣樹林鎮大安路175號	（02）2686-2569
崑龍	241	台北縣三重市永福街242號	（02）2287-6020
今今	248	台北縣五股鄉四維路142巷14弄8號	（02）2981-7755
虹泰	251	台北縣淡水鎮水源街一段61號	（02）2629-5593
熊寶寶	300	新竹市中山路640巷102號	（03）540-2831
正大（新竹）	300	新竹市中華路一段193號	（03）532-0786
力陽	300	新竹市中華路三段47號	（03）523-6773
新盛發	300	新竹市民權路159號	（03）532-3027
康迪	300	新竹市建華街19號	（03）520-8250
艾佳（中壢）	320	桃園縣中壢市環中東路二段762號	（03）468-4558
乙馨	324	桃園縣平鎮市大勇街禮節巷45號	（03）458-3555
華源（桃園）	330	桃園市中正三街38之40號	（03）332-0178
做點心過生活	330	桃園市復興路345號	（03）335-3963
陸光	334	桃園縣八德市陸光街1號	（03）362-9783
天隆	351	苗栗縣頭份鎮中華路641號	（03）766-0837

中區

總信	402	台中市南區復興路三段109-4號	（04）2220-2917
永誠	403	台中市西區民生路147號	（04）2224-9992
永美	404	台中市北區健行路665號	（04）2205-8587
齊誠	404	台中市北區雙十路二段79號	（04）2234-3000
銘豐	406	台中市北屯區中清路151之25號	（04）2425-9869
利生	406	台中市北屯區松竹路三段391號	（04）2291-0739
嵩弘	407	台中市西屯區西屯路二段28-3號	（04）2312-4339
豐榮	420	台中縣豐原市三豐路317號	（04）2527-1831
明興	420	台中縣豐原市瑞興路106號	（04）2526-3953

敬崎	500	彰化市三福街 197 號	（04）724-3927
王誠源	500	彰化市永福街 14 號	（04）723-9446
永明	500	彰化市磚窯里芳草街 35 巷 21 號	（04）761-9348
上豪	502	彰化縣芬園鄉彰南路三段 355 號	（04）952-2339
金永誠	510	彰化縣員林鎮光明街 6 號	（04）832-2811
順興	542	南投縣草屯鎮中正路 586-5 號	（04）933-3455
信通	542	南投縣草屯鎮太平路二段 60 號	（04）931-8369
宏大行	545	南投縣埔里鎮清新里雨樂巷 16-1 號	（04）998-2766
新瑞益（嘉義）	600	嘉義市新民路 11 號	（05）286-9545
新瑞益（雲林）	630	雲林縣斗南鎮七賢街 128 號	（05）596-3765
好美	640	雲林縣斗六市中山路 218 號	（05）532-4343
彩豐	640	雲林縣斗六市西平路 137 號	（05）535-0990

南區

瑞益	700	台南市中區民族路二段 303 號	（06）222-4417
富美	700	台南市北區開元路 312 號	（06）237-6284
永昌（台南）	700	台南市東區長榮路一段 115 號	（06）237-7115
永豐	700	台南市南區南賢街 158 號	（06）291-1031
銘泉	700	台南市南區開安四街 24 號	（06）246-0929
佶祥	710	台南縣永康市鹽行路 61 號	（06）253-5223
玉記（高雄）	800	高雄市六合一路 147 號	（07）236-0333
正大行（高雄）	800	高雄市新興區五福二路 156 號	（07）261-9852
新鈺成	806	高雄市前鎮區千富街 241 號	（07）811-4029
旺來昌	806	高雄市前鎮區公正路 181 號	（07）713-5345-9
德興	807	高雄市三民區十全二路 101 號	（07）311-4311
十代	807	高雄市三民區懷安街 30 號	（07）381-3275
茂盛	820	高雄縣岡山鎮前峰路 29-2 號	（07）625-9679

順慶	830	高雄縣鳳山市中山路237號	（07）746-2908
旺來興	833	高雄縣鳥松鄉大華村本館路151號	（07）382-2223
啟順	900	屏東市民生路79-24號	（08）752-5858
翔峰（裕軒）	920	屏東縣潮州鎮廣東路398號	（08）737-4759

東區

欣新	260	宜蘭市進士路155號	（03）936-3114
裕明	265	宜蘭縣羅東鎮純精路二段96號	（03）954-3429
玉記（台東）	950	台東市漢陽路30號	（08）932-5605
梅珍香	970	花蓮市中華路486之1號	（03）835-6852
萬客來	970	花蓮市和平路440號	（03）836-2628

銀杏 GINKGO
香料甜點

作　　　　者	吳美珠・王建智
出　版　者	葉子出版股份有限公司
企 劃 主 編	鄭淑娟
行 銷 企 劃	洪崇耀
特 約 編 輯	詹雅蘭・陳惠・陳淑儀
校　　　稿	鍾宜君
美 術 設 計	阿鍾（小題大作）
印　　　務	許鈞棋
登 記 證	局版北市業字第677號
地　　　址	台北市新生南路三段88號7樓之3
電　　　話	（02）2366-0309　　傳真　（02）2366-0313
讀者服務信箱	service@ycrc.com.tw
網　　　址	http://www.ycrc.com.tw
郵 撥 帳 號	19735365　戶 名 葉忠賢
印　　　刷	上海印刷廠股份有限公司
法 律 顧 問	煦日南風律師事務所
初 版 一 刷	2005年5月　新台幣 300元
I　S　B　N	986-7609-68-9

國家圖書館出版品預行編目資料

香料甜點 / 吳美珠, 王建著. -- 初版. -- 臺
　北市：葉子, 2005〔民94〕
　　面；　公分. -- (銀杏)
　ISBN 986-7609-68-9 (平裝)
　1. 食譜－點心　　2. 香料

427.16　　　　　　　　　　94007248

總 經 銷	揚智文化事業股份有限公司
地　　　址	台北市新生南路三段88號5樓之6
電　　　話	(02)2366-0309
傳　　　真	(02)2366-0310

美味書卡——可剪下來當書籤喔！

★ 百里香手工巧克力
摘自《香料甜點》P.35／葉子出版

★ 茉莉杏仁奶凍
摘自《香料甜點》P.65／葉子出版

★ 薰衣草手工巧克力
摘自《香料甜點》P.69／葉子出版

★ 綜合香料紅酒洋梨杯
摘自《香料甜點》P.77／葉子出版

摘自《香料甜點》P.35／棄子出版
★百里香手工巧克力

份量：50～60粒

材料：苦甜巧克力350g
奶油30g
動物性鮮奶油200g
百里香2g
防潮可可粉（表面沾裹用）
適量

做法：

1. 將苦甜巧克力切碎後，加入奶油隔熱水融化。

2. 另將鮮奶油煮沸，加入百里香泡約5分鐘，出味後過濾。

3. 將做法1融化的巧克力與做法2的鮮奶油兩者拌合，待冷卻凝結時，用擠花袋擠於烤焙紙上。

4. 將奶油巧克力冷藏冰稍硬後取出，戴手套搓成圓形，放於防潮可可粉中沾裹均勻即成。

摘自《香料甜點》P.65／棄子出版
★茉莉杏仁奶凍

份量：白蘭地塑膠杯12杯

材料：A. 蛋黃90g
楓糖漿20g
細砂糖50g
吉利丁10g
鮮奶500g
茉莉花茶8g
動物性鮮奶油160g
杏仁露3g
B. 裝飾：果醬適量
鏡面果膠適量

做法：

1. 蛋黃加楓糖漿及細砂糖拌勻，隔水加熱，並打發至87℃後，加入軟吉利丁攪拌融化。

2. 鮮奶煮沸加茉莉花泡出味過濾，沖入打發蛋黃蛋糊拌勻。

3. 降溫至36℃時，加入鮮奶油及杏仁露拌勻，即可倒入塑膠杯中，放入冰箱冷凍。

4. 冰凍後，表面抹上果醬，再用不須煮之鏡面果膠抹平表面裝飾。

摘自《香料甜點》P.69／棄子出版
★薰衣草手工巧克力

份量：35個

材料：鮮奶油100g
薰衣草花茶3g
純白巧克力（切碎）150g
奶油20g
白圓球巧克力35個
純白巧克力（封口）150g

做法：

1. 鮮奶油煮沸，加入薰衣草泡出味後，沖入切碎的巧克力及奶油中拌至融化均勻。

2. 稍冷卻後，裝入擠花袋，擠入巧克力球中待凝結。

3. 內餡凝結後，再用融化之純白巧克力封住擠入口，凝固再沾裹巧克力。

4. 於巧克力球表面，用染紫色之巧克力擠淋線條裝飾。

摘自《香料甜點》P.77／棄子出版
★綜合香料 紅酒洋梨杯

份量：紅酒杯16杯

材料：水500g
細砂糖100g
肉桂條4g
丁香0.5g
荳蔻粉0.5g
紅酒250g
小洋梨罐1罐

做法：

1. 水、細砂糖、肉桂條、丁香、荳蔻粉及紅酒一起煮沸。

2. 再加入小洋梨煮至沸即關火。

3. 放在冰水上，隔冰水降溫冷卻，蓋保鮮膜冷藏泡入味。

4. 裝於杯中擺飾，並淋上紅酒汁。

美味書卡——可剪下來當書籤喔！

★ 歐香甘藷派　摘自《Oh！Happy 親子廚房》 P.47／葉子出版

★ 低脂天使蛋糕　摘自《Oh！Happy 親子廚房》 P.61／葉子出版

★ 檸檬紅茶凍　摘自《Oh！Happy 親子廚房》 P.77／葉子出版

★ 豬肉米漢堡　摘自《Oh！Happy 親子廚房》 P.127／葉子出版

★歐香甘藷派

份量： 30 個

材料：

A. 甘藷餡：甘藷 400 公克
糖 130 公克
鹽 4 公克
蛋黃 40 公克
香草精少量
無鹽奶油 32 公克

B. 奇福餅乾 30 片

做法：

1. 甘藷餡：甘藷蒸熟或煮熟，去
皮壓成泥，加入糖、鹽、蛋
黃、香草精及無鹽奶油拌勻，
再以小火煮稍微滾即可。

2. 甘藷餡裝入擠花袋中，擠在奇
福餅乾上。

★低脂天使蛋糕

份量： 小空心模 3 個

材料： 檸檬汁 20 公克
檸檬皮 1 個
水 30 公克
沙拉油 70 公克
鹽少量
低筋麵粉 90 公克
玉米粉 25 公克
泡打粉少量
香草粉少量
蛋白 200 公克
細砂糖 90 公克
天然麥片 100 公克

做法：

1. 檸檬汁、檸檬皮、沙拉油、
水、鹽拌勻，再加入篩勻的低
筋麵粉、玉米粉、泡打粉，倒
入前頂材料一起攪拌。

2. 蛋白與糖打發至乾性發泡，與
做法 1 的材料混合。

3. 倒入模型中，以上火 180、下
火 160℃，烤 15 分鐘後取出。

4. 用天然麥片裝飾。

★檸檬紅茶凍

份量： 約 5 個

材料： 水 500cc
檸檬紅茶粉 30 公克
吉利丁片 15 公克
奶油球 10 個

做法：

1. 水煮開加入檸檬紅茶粉攪拌均
勻。

2. 吉利丁用冰水浸泡至軟。

3. 將吉利丁放入做法 1 的檸檬紅
茶中拌融，再倒入模型中冷
卻。

4. 食用時加入奶油球，風味更
佳。

★豬肉米漢堡

份量： 約 10 個

材料：

A. 五穀米 1/2 杯
洋蔥屑少量
甜黃瓜少量
熟蛋 3 個

B. 漢堡肉／豬絞肉 200 公克
鮮奶 1 湯匙
鹽 1/8 茶匙
荳蔻粉 1/8 茶匙
黑胡椒 1/2 茶匙
全蛋 1 個
麵包屑 2 湯匙

C. 醬料／沙拉醬 1/2 杯
大白粉 1/2 湯匙
番茄醬 1 湯匙
香蒜粉 1/8 茶匙

做法：

1. 五穀米洗淨，用 1 杯水浸泡 1
小時，再煮成五穀飯。

2. 漢堡肉：豬絞肉加入鮮奶、
鹽、荳蔻粉、黑胡椒拌勻，再
加入全蛋、麵包屑及大白粉拌
勻。

3. 取漢堡肉壓入圓模型中，壓扁
成圓形狀，再冷凍之。

4. 取五穀飯，壓入圓模型中，均
勻壓扁成圓形，煎至兩面金黃
放盤中。

5. 將冷凍的漢堡肉，以小火煎
熟，放在米漢堡上，裝飾洋蔥
屑、甜黃瓜、切片熟蛋及醬料
即可。

美味書卡——可剪下來當書籤喔！

★ 番茄鳳梨汁
摘自《番茄美人健康餐》P.90　葉子出版

★ 茄汁蝦仁天使麵
摘自《番茄美人健康餐》P.97　葉子出版

★ 焗烤番茄
摘自《番茄美人健康餐》P.103　葉子出版

★ 番茄雞丁炒飯
摘自《番茄美人健康餐》P.115　葉子出版

摘自《番茄美人健康餐》
P.90／葉子出版
★番茄鳳梨汁

份量：1人份

材料：番茄 2 顆
鳳梨 1/4 顆
冰塊 1/3 杯

器具：果汁機
小刀
玻璃杯
攪拌棒

做法：

1. 番茄洗淨，西瓜去皮，均切成小塊狀。

2. 甘倒入已入冰塊的玻璃杯中，以攪拌棒攪勻後，趁鮮品嚐。

摘自《番茄美人健康餐》
P.97／葉子出版
★茄汁蝦仁天使麵

份量：1人份

材料：天使麵 100g
橄欖油 1 大匙
蝦仁 50g
洋蔥（碎）1 大匙
大蒜（碎）1 大匙
義大利綜合香料 1 小匙
罐裝番茄醬汁 100g
鹽、胡椒粉適量
巴西利（碎）少許

做法：

1. 鍋中煮沸一鍋水，加入一小匙鹽，並將天使麵放入鍋中煮熟，撈起，拌入橄欖油備用。

2. 蝦仁燙熟備用。

3. 取一平底鍋，倒入橄欖油加熱，先爆香洋蔥與大蒜碎，續加入義大利綜合香料，最後加入番茄醬汁煮至沸騰及濃稠。

4. 加入煮熟的麵條與已經燙熟的蝦仁快速拌炒。

5. 加適量的鹽與胡椒調味，即可盛盤。食用時，撒上巴西利碎作裝飾。

摘自《番茄美人健康餐》
P.103／葉子出版
★焗烤番茄

份量：1人份

材料：日本溫室紅、黃番茄各 1 顆
洋蔥（碎）1 大匙
大蒜（碎）1 大匙
牛絞肉 50g
玉米粒 1 大匙
市售罐裝番茄醬汁 3 大匙
高湯 1 杯
鹽、胡椒粉適量
乳酪粉適量

做法：

1. 烤箱轉至 180℃，預熱 10 分鐘。

2. 從番茄頂 1 公分處橫切，將內部挖空備用。

3. 取一平底鍋，將洋蔥與大蒜碎爆香，放入牛絞肉炒至肉變色。

4. 加入市售現成的番茄汁與高湯將肉燉熟，以適量的鹽、胡椒調味成餡料。

5. 將餡料填充於挖空的番茄中，撒上乳酪粉。

6. 放入已預熱的烤箱中，烤至外表成金黃色即可。

摘自《番茄美人健康餐》
P.115／葉子出版
★番茄雞丁炒飯

份量：1人份

材料：雞胸肉 1 副（去皮去骨）
沙拉油 2 大匙
洋蔥 1/4 顆（切小丁）
雞蛋 2 顆（打散）
番茄 2 顆（去皮去籽切小丁）
白飯 2 碗
冷凍青豆仁 1 大匙
玉米筍 4 支（切小丁）
鹽、雞粉適量
乾燥巴西利碎適量

做法：

1. 雞胸肉先行燙熟，待冷卻後，切成小丁。

2. 鍋中將油燒熱，先爆香洋蔥，再加入雞蛋炒散。

3. 加入雞丁及番茄丁入鍋中炒香。

4. 下白飯炒鬆，加入青豆及玉米筍同炒。

5. 以適量的鹽與雞粉調味，熄火，香噴噴上桌。

廣　告　回　信
臺灣北區郵政管理局登記證
北　台　字　第 8719 號
免　貼　郵　票

106-□□
台北市新生南路3段88號5樓之6

揚智文化事業股份有限公司　　收

□□□-□□
地址：　　市縣　　鄉鎮市區　　路街　段　巷　弄　號　樓
姓名：

Leaves
Publishing

書號 L5104　　書名 香料甜點

葉子出版股份有限公司

讀・者・回・函

感謝您購買本公司出版的書籍。
爲了更接近讀者的想法，出版您想閱讀的書籍，在此需要勞駕您
詳細爲我們填寫回函，您的一份心力，將使我們更加努力！！

1.姓名：_____

2.性別：□男　□女

3.生日／年齡：西元_____ 年_____月 _____ 日____歲

4.教育程度：□高中職以下 □專科及大學 □碩士 □博士以上

5.職業別：□學生□服務業□軍警□公教□資訊□傳播□金融□貿易
　　　　　□製造生產□家管□其他_____

6.購書方式／地點名稱：□書店_____□量販店_____□網路_____□郵購_____
　　　　　　　　　　　□書展_____□其他____

7.如何得知此出版訊息：□媒體_____□書訊_____□書店_____□其他_____

8.購買原因：□喜歡作者□對書籍內容感興趣□生活或工作需要□其他

9.書籍編排：□專業水準□賞心悅目□設計普通□有待加強

10.書籍封面：□非常出色□平凡普通□毫不起眼

11. E - mail：_____

12喜歡哪一類型的書籍：_____

13.月收入：□兩萬到三萬□三到四萬□四到五萬□五萬以上□十萬以上

14.您認為本書定價：□過高□適當□便宜

15.希望本公司出版哪方面的書籍：_____

16.本公司企劃的書籍分類裡，有哪些書系是您感到興趣的？

□忘憂草（身心靈）□愛麗絲（流行時尚）□紫薇（愛情）□三色菫（財經）

□銀杏（食譜保健）□風信子（旅遊文學）□向日葵（青少年）

17.您的寶貴意見：

_____

☆填寫完畢後，可直接寄回（免貼郵票）。
　我們將不定期寄發新書資訊，並優先通知您
　其他優惠活動，再次感謝您！！

Leaves
Publishing

根

以讀者為其根本

用生活來做支撐

引發思考或功用

獲取效益或趣味